中国重要农业文化遗产系列读本

闵庆文　周　峰 ◎丛书主编

海南 —HAINAN—

海口羊山荔枝种植系统

HAIKOU YANGSHAN LIZHI ZHONGZHI XITONG

闵庆文　张灿强　王　斌 主编

U0200955

中国农业出版社
农村读物出版社
北　京

图书在版编目（CIP）数据

海南海口羊山荔枝种植系统 ／ 闵庆文，张灿强，王斌主编． —北京：中国农业出版社，2020.6
　　（中国重要农业文化遗产系列读本／闵庆文，周峰主编）
　　ISBN 978-7-109-26070-2

　　Ⅰ．①海…　Ⅱ．①闵…　②张…　③王…　Ⅲ．①荔枝－果树园艺　Ⅳ．① S667.1

中国版本图书馆 CIP 数据核字 (2019) 第 247002 号

海南海口羊山荔枝种植系统

中国农业出版社出版

地址：北京市朝阳区麦子店街 18 号楼

邮编：100125

责任编辑：张　丽

责任校对：刘丽香

印刷：中农印务有限公司

版次：2020 年 6 月第 1 版

印次：2020 年 6 月第 1 次印刷

发行：新华书店北京发行所发行

开本：710mm×1000mm　　1／16

印张：11.5

字数：260 千字

定价：59.00 元

编辑委员会

主 任 委 员：余欣荣

副主任委员：李伟国

委　　　员：戴　军　周　峰　黎晓莎　赵　蕾　桂　丹
　　　　　　余　玥

专家委员会

主 任 委 员：李文华

副主任委员：任继周　刘　旭　朱有勇　骆世明　曹幸穗
　　　　　　闵庆文　宛晓春

委　　　员：樊志民　王思明　徐旺生　刘红婴　孙庆忠
　　　　　　苑　利　赵志军　卢　琦　王克林　吴文良
　　　　　　薛达元　张林波　孙好勤　刘金龙　李先德
　　　　　　田志宏　胡瑞法　廖小军　王东阳

编写委员会

丛书主编：闵庆文　周　峰

主　　编：闵庆文　张灿强　王　斌

副 主 编：徐世兴　史媛媛　刘　锐　李正才

参 编 人 员（按姓氏笔画排列）：

孙海燕　麦雄俊　吴开茂　吴天龙　张　龙

张慧坚　杭　静　周圣涛　胡炜彬　胡盛红

柯佑鹏　秦一心　靳　凤　廖志敬

丛 书 策 划：苑　荣　张丽四

我国是历史悠久的文明古国，也是幅员辽阔的农业大国。长期以来，我国劳动人民在农业实践中积累了认识自然、改造自然的丰富经验，并形成了自己的农业文化。农业文化是中华五千年文明发展的物质基础和文化基础，是中华优秀传统文化的重要组成部分，是构建中华民族精神家园、凝聚中华儿女团结奋进的重要文化源泉。

党的十八大提出，要"建设优秀传统文化传承体系，弘扬中华优秀传统文化"。习近平总书记强调，"中华优秀传统文化已经成为中华民族的基因，植根在中国人内心，潜移默化地影响着中国人的思想方式和行为方式。今天，我们提倡和弘扬社会主义核心价值观，必须从中汲取丰富营养，否则就不会有生命力和影响力"。云南哈尼族稻作梯田、江苏兴化垛田、浙江青田稻鱼共生系统，无不折射出古代劳动人民吃苦耐劳的精神，这是中华民族的智慧结晶，是我们应当珍视和发扬光大的文化瑰宝。现在，我们提倡生态农业、低碳农业、循环农业，都可以从农业文化遗产中吸收营养，也需要从经历了几千年自然与社会考验的传统农业中汲取经验。实践证明，做好重要农业文化遗产的发掘保护和传承利用，对于促进农业可持续发展、带动遗产地农民就业增收、传承农耕文明，都具有十分重要的作用。

中国政府高度重视重要农业文化遗产保护，是最早响应并积极支持联合国粮农组织全球重要农业文化遗产保护的国家之一。经过十几年工作实践，我国已经初步形成"政府主导、多方参与、分级管理、利益共享"的农业文化遗产保护管理机制，有力地促进了农业文化遗产的挖掘和保护。2005年以来，已有15个遗产地列入"全球重要农业文化遗产名录"，数量名列世界各国之首。中国是第一个开展国家级农业文化遗产认定的国家，是第一个制定农业文化遗产保护管理办法的国家，也是第一个开展全国性农业文化遗产普查的国家。2012年以来，农业部[①]分三批发布了62项"中国重要农业文化遗产"[②]，2016年发布了28项全球重要农业文化遗产预备名单[③]。2015年颁布了《重要农业文化遗产管理办法》，2016年初步普查确定了具有潜在保护价值的传统农业生产系统408项。同时，中国对联合国粮农组织全球重要农业文化遗产保护项目给予积极支持，利用南南合作信托基金连续举办国际培训班，通过APEC（亚洲太平洋经济合作组织）、G20（20国集团）等平台及其他双边和多边国际合作，积极推动国际农业文化遗产保护，对世界农业文化遗产保护做出了

①　农业部于2018年4月8日更名为农业农村部。

②　截至2020年4月，农业农村部已发布五批118项"中国重要农业文化遗产"。

③　2019年发布了第二批36项全球重要农业文化遗产预备名单。

重要贡献。

当前，我国正处在全面建成小康社会的决定性阶段，正在为实现中华民族伟大复兴的中国梦而努力奋斗。推进农业供给侧结构性改革，加快农业现代化建设，实现农村全面小康，既要借鉴世界先进生产技术和经验，更要继承我国璀璨的农耕文明，弘扬优秀农业文化，学习前人智慧，汲取历史营养，坚持走中国特色农业现代化道路。"中国重要农业文化遗产系列读本"从历史、科学和现实三个维度，对中国农业文化遗产的产生、发展、演变以及农业文化遗产保护的成功经验和做法进行了系统梳理和总结，是对农业文化遗产保护宣传推介的有益尝试，也是我国农业文化遗产保护工作的重要成果。

我相信，这套丛书的出版一定会对今天的农业实践提供指导和借鉴，必将进一步提高全社会保护农业文化遗产的意识，对传承好弘扬好中华优秀文化发挥重要作用！

农业部部长 韩长赋

2017年6月

自有人类历史文明以来，勤劳的中国人民运用自己的聪明智慧，与自然共融共存，依山而住、傍水而居，经过一代代努力和积累，创造出了悠久而灿烂的中华农耕文明，成为中华传统文化的重要基础和组成部分，并曾引领世界农业文明数千年，其中所蕴含的丰富的生态哲学思想和生态农业理念，至今对于世界农业可持续发展依然具有重要的指导意义和参考价值。

针对工业化农业所造成的农业生物多样性丧失、农业生态系统功能退化、农业生态环境质量下降、农业可持续发展能力减弱、农业文化传承受阻等问题，联合国粮农组织（FAO）在全球环境基金（GEF）等国际组织和有关国家政府的支持下，发起了"全球重要农业文化遗产（GIAHS）"倡议，以发掘、保护、利用、传承世界范围内具有重要意义的，包括农业物种资源与生物多样性、传统知识和技术、农业生态与文化景观、农业可持续发展模式等在内的传统

农业系统。

全球重要农业文化遗产的概念和理念甫一提出，就得到了国际社会的广泛响应和支持。截至2014年年底，已有13个国家的31项传统农业系统被列入GIAHS保护名录①。经过努力，在2015年6月结束的联合国粮农组织大会上，已明确将GIAHS工作作为一项重要工作，纳入常规预算支持。

中国是最早响应并积极支持该项工作的国家之一，并在全球重要农业文化遗产申报与保护、中国重要农业文化遗产发掘与保护、推进重要农业文化遗产领域的国际合作、促进遗产地居民和全社会农业文化遗产保护意识的提高、促进遗产地经济社会可持续发展和传统文化传承、人才培养与能力建设、农业文化遗产价值评估和动态保护机制与途径探索等方面取得了令世人瞩目的成绩，成为全球农业文化遗产保护的榜样，成为理论和实践高度融合的新的学科生长点、农业国际合作的特色工作、美丽乡村建设和农村生态文明建设的重要抓手。自2005年"浙江青田稻鱼共生系统"被列为首批"全球重要农业文化遗产系统"以来的10年间，我国已拥有11个全球重要农业文化遗产，居于世界各国之首②；2012年开展中国重要农业文化遗产发掘与保护，2013年和2014年共有39个项目得到认定③，成为最早开展国家级农业文化遗产发掘与保护的国家；重要农业文化遗产管理的体制与机制趋于完善，并初步建立了"保护优先、合理利用，整体保护、协调发展，动态保护、功能拓展，多方参与、惠益共享"的保护方针和"政府主导、分级管理、多方参与"的管

① 截至2020年4月，已有22个国家的59项传统农业系统被列入GIAHS保护名录。
② 截至2020年4月，我国已有15项全球重要农业文化遗产，数量居于世界各国之首。
③ 2013年、2014年、2015年、2017年、2020年共有五批118项中国重要农业文化遗产得到了认定。

理机制；从历史文化、系统功能、动态保护、发展战略等方面开展了多学科综合研究，初步形成了一支包括农业历史、农业生态、农业经济、农业政策、农业旅游、乡村发展、农业民俗以及民族学与人类学等领域专家在内的研究队伍；通过技术指导、示范带动等多种途径，有效保护了遗产地农业生物多样性与传统文化，促进了农业与农村的可持续发展，提高了农户的文化自觉性和自豪感，改善了农村生态环境，带动了休闲农业与乡村旅游的发展，提高了农民收入与农村经济发展水平，产生了良好的生态效益、社会效益和经济效益。

习近平总书记指出，农耕文化是我国农业的宝贵财富，是中华文化的重要组成部分，不仅不能丢，而且要不断发扬光大。农村是我国传统文明的发源地，乡土文化的根不能断，农村不能成为荒芜的农村、留守的农村、记忆中的故园。这是对我国农业文化遗产重要性的高度概括，也为我国农业文化遗产的保护与发展指明了方向。

尽管中国在农业文化遗产保护与发展上已处于世界领先地位，但比较而言仍然属于"新生事物"，仍有很多人对农业文化遗产的价值和保护重要性缺乏认识，加强科普宣传仍然有很长的路要走。在农业部农产品加工局（乡镇企业局）的支持下①，中国农业出版社组织、闵庆文研究员及周峰担任本辑丛书主编的这套"中国重要农业文化遗产系列读本"，无疑是农业文化遗产保护宣传方面的一个有益尝试。每本书均由参与遗产申报的科研人员和地方管理人员共同完成，力图以朴实的语言、图文并茂的形式，全面介绍各农业文化遗产的系统特征与价值、传统知识与技术、生态文化与景观以及保护与发展等内容，并附以地方旅游景点、特色饮食、天气条件。可以

---

① 中国重要农业文化遗产工作现由农业农村部农村社会促进司管理。

说，这套书既是读者了解我国农业文化遗产宝贵财富的参考书，同时又是一套农业文化遗产地旅游的导游书。

我十分乐意向大家推荐这套丛书，也期望通过这套书的出版发行，使更多的人关注和参与到农业文化遗产的保护工作中来，为我国农业文化的传承与弘扬、农业的可持续发展、美丽乡村的建设做出贡献。

是为序。

李文华

中国工程院院士

联合国粮农组织全球重要农业文化遗产指导委员会主席

农业部全球／中国重要农业文化遗产专家委员会主任委员

中国农学会农业文化遗产分会第一届主任委员

中国科学院地理科学与资源研究所自然与文化遗产研究中心主任

2015年6月30日

　　羊山荔枝种植系统位于海南省海口市西部的石山镇和永兴镇。据《海口辞典》记载，羊山地区栽培荔枝有近2 000年历史，"永兴荔枝"自古有名，古有"雷虎荔枝，荔染三台"之说（雷虎为永兴镇古名），目前发现的年代最古老的荔枝树生长在永兴镇建群村委会的儒林村，树龄大约有800年。羊山地区是荔枝品种资源宝贵的基因库，野生半野生荔枝资源无论在分布广度、植物学性状的多样性程度，还是在荔枝栽培资源的多样性上，都远大于我国其他荔枝产区。通过长期的自然进化和人工选择，羊山地区孕育出了丰富的荔枝种质资源类型。

　　羊山地区特殊的地理位置及地形地貌，构成了不可多见的热带火山岩地区荔枝林景观。人们充分挖掘火山石土地资源，开始在高大的荔枝树下面种植一些喜阴的作物，形成了该地区颇具特色的林下种植和养殖模式。当地居民巧妙利用可以耕作的土壤，在农田的四周栽种番木瓜、黄皮、菠萝蜜等热带果树，外围则是以荔枝树为主的林网，形成热带果树镶嵌农作物的空间格局。这一系统中农业生物具有多样性，产出了大量特色农产品，如永兴黄皮、黑山羊、石山黑豆、火山石斛等，极大提高了对有限土地的利用效率，同时也形成了多层立体景观结构。

千百年来，羊山地区百姓的生活方式与荔枝息息相关，不仅形成了成熟的荔枝栽培管理技巧，更将荔枝融入到日常的生活与生产当中，荔枝文化渗入到生活的方方面面，关于荔枝的民间传说与故事、诗词歌赋、歌舞表演和传统习俗等历代相传，丰富了遗产地人民的生活，也成为遗产系统的重要组成部分。在羊山人喜爱的地方戏曲琼剧、石山情歌、麒麟舞等传统文化中，人们对荔枝的喜爱与歌颂处处可见；荔枝树根的千姿百态也使得羊山地区的根雕艺术享誉全国，并流传至今。

本书系统介绍了海口羊山荔枝种植系统这一重要农业文化遗产的历史演变、结构与功能、多种价值以及保护与发展等。主体分为六大部分：第一部分"羊山荔枝"，介绍了羊山荔枝的种植历史与种质资源；第二部分"火山农业"，介绍了农业生物多样性与复合种养系统；第三部分"热带生态"，介绍了羊山地区独特的生态景观与生态系统服务功能；第四部分"传统知识"，介绍了荔枝的选育、建园、栽培、采收、加工等方面的传统知识和技术；第五部分"荔枝文化"，介绍了羊山地区与荔枝相关的地方文化、民风民俗、文学艺术等；第六部分"动态保护"，介绍了羊山荔枝种植系统保护与发展的途径和措施。此外，"附录"部分介绍了遗产保护大事记、遗产地旅游资讯以及全球／中国重要农业文化遗产名录。

本书是在中国重要农业文化遗产申报文本以及保护与发展规划等材料的基础上，通过进一步调研编写完成的，是集体智慧的结晶。本书编写过程中得到李文华院士的指导和海口市有关领导和市农业农村局等相关部门的大力支持，在此一并表示感谢！

由于水平有限，书中难免存在不当甚至谬误之处，敬请读者批评指正。

编者

2019年12月

目录

海南海口
羊山荔枝种植系统

四 | 传统知识：
荔枝种植技术与传统农业知识 /073

五 | 荔枝文化：
农耕文明与火山文化交融 /089

六 | 动态保护：
羊山荔枝可持续发展之路 /103

羊山地区是指海口市西南部，由于火山喷发后形成的火山熔岩地区，东起海口市龙塘镇，西至海口市石山镇，北邻海口市区，南至海口新坡镇，曾盛产黑山羊，便冠以羊山的名字。

羊山荔枝种植系统位于海口市西部的石山镇和永兴镇。石山镇位于海口市秀英区的西北部，东交永兴镇，南临东山镇，西邻澄迈县的白莲镇，北接长流镇。境内有石山墟和美安墟，镇人民政府驻地石山墟，地理坐标北纬19°30′、东经110°12′，距海口市主城区15千米。永兴镇北邻海口市区，东连龙桥镇和十字路镇，南接遵谭镇和东山镇，西交石山镇。辖区东西最大距离9.1千米，南北最大距离19.1千米，地理坐标北纬19°54′、东经110°16′，距离海口市区中心13千米。西侧为海口石山火山群国家地质公园（雷琼世界地质公园海口园区）。

遗产地荔枝林总面积约6万亩[①]，其中永兴镇约5.2万亩（嫁接树约1.3万亩，野生荔枝树约3.9万亩），石山镇约0.8万亩（嫁接树约

---

① 亩为非法定计量单位，1亩 ≈ 667平方米。——编者注

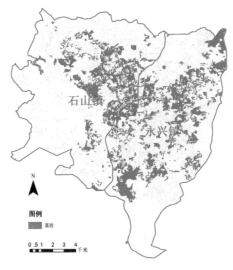

遗产地荔枝林分布图（王斌／提供）

0.3万亩，野生荔枝树约0.5万亩）。树龄50年以上野生荔枝树随处可见，零散分布的野生荔枝树母树，树龄大多在百年以上。

石山镇和永兴镇地处羊山腹地，其中石山镇海拔14～222.2米，境内地势东南高，西北低，地形分为三个类型：中部是火山爆发形成的马鞍岭，海拔222.2米；东部为羊山小丘陵区，海拔100～200米；西部是缓坡丘陵区，海拔30～100米。永兴镇海拔30～222米，境内地势中部高，四周低，中部有雷虎、

火山石上的荔枝（海口市农业农村局／提供）

永茂、群香、群任等火山岭群，地形分为中部、南部的小丘陵山区和北部的缓坡丘陵区两类。

　　石山镇耕地总面积2 307.15公顷，其中水田224.75公顷，旱地562.19公顷；2018年年底总人口43 011人，地区生产总值7.39亿元，农业产值4.01亿元，占地区生产总值的54.26%，是以农业为主的乡镇，农民人均可支配收入为16 201元／年。近年来，石山镇不断推进互联网农业旅游小镇建设，加快推进互联网平台建设，启动农业小镇运营中心、农产品展示中心、美社等村级服务中心建设运营。同时，着力打造热带高效精品农业发展工程，不断推进休闲旅游观光业的发展。

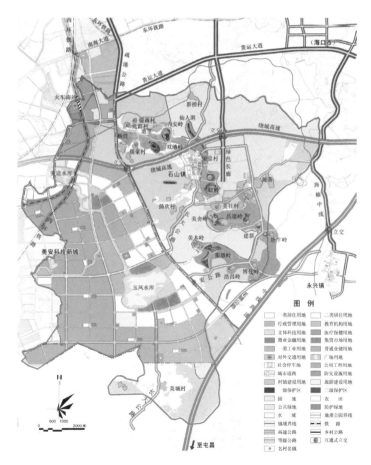

石山镇土地利用规划图（张龙／提供）

永兴镇耕地总面积2 766.53公顷，2018年年底总人口33 766人，地区生产总值7.29亿元，农业产值为3.15亿元，占地区生产总值的43.21%，二产、三产分别占29.22%和27.57%。永兴镇农村常住居民人均可支配收入为11 491元／年。2015年3月，"永兴荔枝"获得国家工商行政管理总局商标局颁发的地理标志商标证书，成为海口首个获得国家认定的地理标志证明商标。

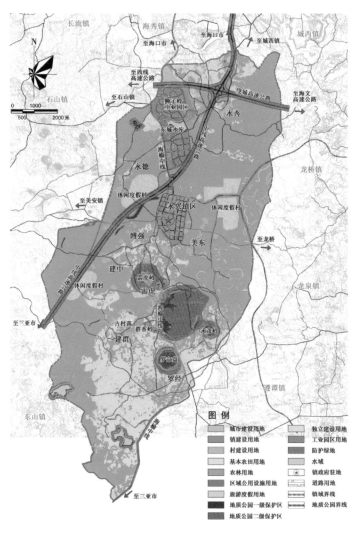

永兴镇土地利用规划图（张龙／提供）

　　石山镇和永兴镇居民以汉族为主，占总人口的98.60%；少数民族人口占1.40%，主要为黎族、苗族等。从三次产业结构来看，石山镇和永兴镇农业产值比重分别为58.60%和45.00%，农业是遗产地的主导产业。石山镇和永兴镇工业基础薄弱，是典型的农耕区，主要种植粮食作物包括水稻、玉米和番薯；经济作物包括花生、甘蔗；瓜菜作物包括冬瓜、南瓜、丝瓜等；传统蔬菜主要有白菜、青菜、芥菜等；林果类作物包括菠萝、芒果、香蕉、荔枝、龙眼、黄皮、番木瓜、莲雾、杨桃、石榴、椰子、火龙果及柑、橘、橙、柚类。

　　石山镇和永兴镇是羊山地区荔枝的集中分布区域，荔枝栽培有近2 000的历史，永兴镇建群村的一株荔枝树树龄已有800年，区域内野生半野生荔枝资源丰富，是荔枝品种资源的宝贵基因库，该区域独特的地质地貌构成了不可多见的热带火山岩荔枝林景观，同时形成了林果、林农等复合农业系统，产出了荔枝、黄皮、火山石斛等特色农产品，长期以来，羊山地区老百姓的生产生活方式已与荔枝息息相关，不仅形成了成熟的荔枝栽培管理技术，更孕育出独具特色的荔枝文化。2017年海口羊山荔枝栽培系统以其悠久的历史、重要的服务功能、珍贵的知识和技术、独特的文化和景观等特征，被列为第四批中国重要农业文化遗产。

羊山荔枝：悠久的历史与丰富的种质资源

海南海口羊山荔枝种植系统

荔枝在植物分类学上属于无患子科（*Sapindaceae Juss.*）荔枝属（*Litchi* Sonn.），只有中国荔枝（简称荔枝）和菲律宾荔枝两个种，其中菲律宾荔枝味道酸涩，品质差，不可食用。荔枝最早的名称是"离支"，见于公元前2世纪汉代司马相如的《上林赋》中。公元2世纪成书的《异物志》和3世纪后期的《广志》又写作"荔枝"。李时珍《本草纲目》（1578年）又按白居易提法：认为是"若离本枝，一日色变，三日味变。则离支之名，又或取此义也"。荔枝果成熟时皮为红色，故还有"丹荔"等名称。

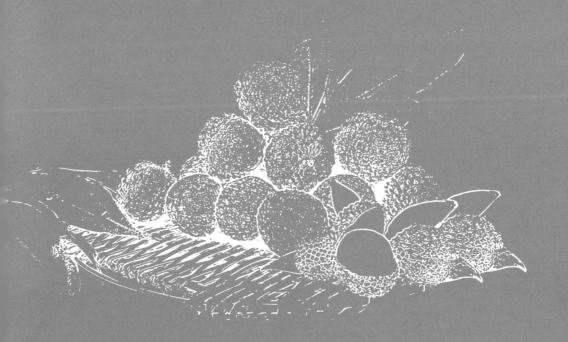

（一）荔枝的起源与演变

1. 中国荔枝栽培历史

中国是世界上栽培荔枝最早的国家，距今已有2 300多年的历史。据葛洪（281—341年）著的《西京杂记》记载：汉高祖刘邦称帝时（公元前206—195年），南越王赵佗献鲛鱼、荔枝给高祖，高祖报以蒲桃、锦四匹。又见嵇含（304年）著的《南方草木状》云："汉武帝元鼎六年（公元前111年），破南越，建扶荔宫。扶荔者，以荔枝得名也。自交趾移植百株于庭，无一生者，连年移植不息，后数岁，偶一株稍茂，然终无华实，帝亦珍惜之，一旦萎死，守吏坐株死者数十，遂不复茂矣。"可见2 000多年前，广东、广西南部荔枝栽培已经非常兴盛。汉藏出土的陪葬品中发现荔枝实物，并在广西的浦北县和六万大山南面的合浦堂排新村也发现了出土于西汉时期的荔枝皮、核。另外，撰自公元2世纪初的《异物志》、3世纪初期的《吴录》和后期的《广志》，都把荔枝作为岭南的物产进行了记载，并肯定荔枝是"初惟出岭南""苍梧多荔枝，生山中，人家亦种之"，明确表述了苍梧地区野生荔枝和人工栽培荔枝并存的现象。经分析推理，荔枝由开始的生食到加工包装远运，由原始简单播种繁殖到育苗移植，直至成批苗木北运长安，这些都绝对不是短时期能够做到的，而是有一段没有文字记载的更为悠久的历史过程。可以推断，海南、广东和广西栽培荔枝应至少开始于公元前2至前3世纪。

据有关专家实地考察和考古发掘证明，我国从海南省到四川省，从广东珠江三角洲的低海拔至云南金沙江干热河谷地带海拔高1 100~1 400米的地区，至今仍保存着成片或零星分布的、具有多种类型果实的野生荔枝林。2 000多年来，在不同的生态地理条件下，

妃子笑荔枝（海口市农业农村局／提供）

荔枝通过适应我国多样的生态环境孕育出了众多的珍贵品种，种质资源极其丰富，堪称世界荔枝的宝库。17世纪，荔枝开始陆续向国外传播。300多年来，我国荔枝的传播遍布了亚热带地区20多个国家，目前栽培于世界各国的荔枝品种大都来自中国。

2. 海南荔枝栽培历史

海南是中国荔枝原产地之一，其荔枝栽培历史亦较早，只因远隔中原，早期未见记载，直到"秦皇汉武"时不断开发岭南，它才逐渐为中原人所知。

目前关于海南荔枝的描述，最早的记载出现在被贬流放至海南岛的北宋诗僧惠洪于1112年创作的《初至崖州吃荔枝》："老天见我流涎甚，遣向崖州吃荔枝。"此时的惠洪被流放到海南岛，日子过得异常艰苦，但因为尝到了美味的荔枝，也就缓解了内心被流放的苦痛。

南宋的庄季裕《鸡肋编》中描述"海南有无核荔枝一株"，表明在南宋时期就有了无核荔枝这一珍贵的荔枝品种；南宋的周去非在《岭外代答》中关于"海南荔子，可比闽中"的评论，是对海南荔枝品质的由衷肯定，这些都是关于海南荔枝的一些文献记载，可见海南荔枝在宋朝时期已被人们所认识。

至明正统年间（1436—1449年），琼山诗人邢宥在诗中提到"匝花海上琼芝秀，含液枝头锦荔嘉"。其好友邱浚（明代海南政治学家、文学家）在离乡之后，还怀念着"故乡荔子正尝新"的佳事，并作有《咏荔枝》诗"世间珍果更无加，玉雪肌肤罩绛纱。一种天然好滋味，可怜生处是天涯"，描述的就是海南荔枝的美味。明正德六年（1511年），唐胄在其《琼台志》中有了对海南荔枝较为详细的记载："荔枝出琼山西南（今永兴镇）界宅念都者，多且佳，有紫红青黄数种……吾琼当岭极南，荔枝特盛，以下利红盐，故盛熟时饫食不及，街市担卖，值甚低。"此书还介绍了几种荔枝的良种，由此可见，海南荔枝栽培品种与数量之多。

清屈大均撰写的《广东新语》（1690年）更为详细地描述了海南人采荔枝的精湛技术："荔字从艹从荔，不从劦，荔音离，割也，劦音协，同力也，荔字固当从荔，本草谓荔枝木坚，子熟时须刀割乃下。今琼州人当荔枝熟，率以刀连枝斫取，使明岁嫩枝复生，其实益美，故汉时皆以为离支，言离其树之支，子离其枝，枝复离其支也。"此书详细描绘了海南百姓的采荔枝方法，可以看出，当时荔枝的种植在海南地区已经非常普遍，荔枝的种植技术已经发展到非常纯熟的程度。

明末清初，海南已选出相当好的品种。清道光六年（1826年），吴应逵的《岭南荔枝谱》将广东荔枝品种归纳为58种，是现存唯一专述岭南荔枝的书，具有较高的参考价值。书中有描述"进贡子，到处有之，不独琼山、新会。而产琼山者为最佳"，可见海南的荔枝在品质等方面具有更为明显的优势。书中又言"荔支产于琼山者曰进贡子，核小而肉厚，味甚嘉，土人摘食，必以淡盐汤浸一宿，则脂不黏手"，可见海南人民对荔枝的采后处理也有了一定的实践经验。

1949年后，海南荔枝种植得到了迅速的发展，全岛18个县市均有荔枝分布。荔枝从新中国成立初的400公顷发展到2016年的22 011公顷，产量从20世纪60年代初期的1.1万～1.5万吨增加到2002年的15.6万吨。

野生古荔枝树（秦一心／摄）

3. 羊山地区荔枝起源与发展

50万年前，海口曾发生火山喷发。约8 000年前，海口火山活动再次增强，羊山地区被火山熔岩流覆盖。若干年后偶然的机遇，迁徙的鸟类将荔枝种子抛撒在羊山地区，荔枝种子发芽并茁壮生长。生活在此地的百姓发现，荔枝树根系异常发达，可以通过火山岩之间狭窄的空隙，利用有限的土壤在火山岩孔洞中扎根生长，并能很好地吸收土壤中富含的硒等微量元素，结出鲜美的果实。

历史上，大陆多次向海南移民，给海南带来了先进的农耕技术，有关荔枝人工选种栽培技术开始在遗产地传播。据《海口辞典》记载，遗产地栽培荔枝有近2 000年历史，"永兴荔枝"自古有名，古有"雷虎荔枝，荔染三台"之说（雷虎为永兴镇古名），其品种颗大、肉鲜、味甜，久负盛名，驰名省内外。目前发现的年代最古老的荔枝树生长在永兴镇建群村委会的儒林村，树龄大约有800年。

生长在火山石上的荔枝树（张灿强／摄）

据1999年《琼山县志》记载：永兴镇有荔枝面积2万余亩，产量约7 500吨，产量最多，质量最佳，属海南省之最。2016年，海口市农业局邀请中国热带农业科学院开展荔枝资源普查，确定海口羊山地区有野生荔枝母本群4.4万亩之多，形成了世界罕见的野生荔枝母本群，很多古树树龄达300多年，并在长期自然进化和人工选择中，适应不同生态环境，孕育出了丰富的种质资源类型。

千百年来，随着羊山地区火山岩的不断风化，越来越多的富硒土壤裸露出来，羊山地区的高温、高湿气候和高有机质含量的土壤非常有利于热带作物的种植和生长。随着可利用土地的逐渐增多，多种热带水果，如黄皮、杨桃、番石榴、龙眼、菠萝蜜和香蕉等得到发展，不断丰富羊山人民的物质生活。

火山荔枝（吴开茂／提供）

（二）荔枝种质资源宝库

羊山地区荔枝大致可分为栽培荔枝及野生荔枝两大类。栽培荔枝果实较大，味甜，肉较厚，有较高的商品价值。由于长期以来沿用实生繁殖方式，变异多，因而形成了遗产地独特的、极为丰富的荔枝种质资源，其特点是树形高大、直立，板根发达，果实性状多种多样。早熟种4月中旬成熟，迟熟种7月中旬才收；小果型平均单果重12克，大果型最大者达76克。大果型荔枝是遗产地特有的极为宝贵的资源，果皮颜色有红、粉红、紫红、黄、黄绿及青绿色。

著名荔枝种植专家、广东省农业科学院教授袁沛元表示："海南永兴野生荔枝群是世界荔枝种质资源库，因其野生荔枝种类繁多被称为世界罕见的荔枝种质资源宝库。"1961—1965年，海南农垦局组织科研人员在永兴、石山、美安等地做了详细的资源普查，筛选出优良单株191株，其中26株果实品质特优，被命名为海垦1～26号，其种

野生荔枝树（王斌／摄）

质资源于1995年保存在海南省农业科学院热带果树研究所荔枝资源圃，可惜部分母株已被砍伐。现在广泛种植的鹅蛋荔、脆肉荔、紫娘喜等品种均源自当年的海垦1～26号。后来不同科研机构组织了羊山地区荔枝品种筛选与鉴定，又发现了许多不同的新品种，如大丁香、南岛无核、新球蜜荔、牛心荔、琼山89-3、建中80-1、魁星1号等。

遗产地目前的荔枝品系主要有蜂蜜味荔枝、蟾蜍皮荔枝改良荔枝王、青皮荔枝、猪血型荔枝、丁香荔枝改良大丁香、盆水味荔枝等。引进的外来种主要有三月红、妃子笑、白蜡、白糖罂等（表1、表2）。

表1　羊山地区主要荔枝种质资源

来源	品种／品系	数目
当地传统荔枝品种	海南脆肉、无核荔、蟾蜍头（紫娘喜）、大丁香、鹅蛋荔、四月熟、小丁香、新球蜜荔、玉潭蜜荔、牛心荔、矮荔、面包荔、丰荔、琼山89-3、建中80-1、魁星1号等	16
荔枝品系	蜂蜜味荔枝、蟾蜍皮荔枝改良荔枝王、青皮荔枝、雷虎香蜜、春藤蜜荔、猪血型荔枝、丁香荔枝改良大丁香、盆水味荔枝等	8
外来引进荔枝品种	三月红、妃子笑、白蜡、白糖罂等	4

表2　遗产地部分原生荔枝种质资源保存信息

种质名称	原产地、经纬度及树主	种质类型	主要特征	保存方式	采集时间	采集人
海垦5号	海口市石山镇杨欢村 北纬19.917678°，东经110.202141°,钟茜琼	实生	高产、稳产、优质	嫁接苗	1995年	张世杰
建中80-1	海口市永兴镇儒成村 北纬19.861826°，东经110.287886°,吴淑美	实生	脆肉、丁香、蜜味	高接	2009年	王祥和
魁星1号	海口市石山镇魁星园 北纬19.934785°，东经110.244026°,陈耀晶	实生	果脆、青皮甜	高接	2009年	王祥和

（三）主要荔枝品种

《中国果树志·荔枝卷》记载海南省有荔枝品种8个，其中7个来自羊山荔枝种植系统。

1. 海南脆肉

来源永兴镇，是实生单株，母树树龄100多年。果特大，平均重36.8克（纵径3.7～4.2厘米，大横径4.1厘米，小横径3.9厘米），大小均匀；果实卵圆形，少数心形，果肩斜，一边微耸起，果顶浑圆；果皮红色带微绿，约0.1厘米，较脆；龟裂片突出，大小不一，排列整齐而密，裂片峰锐尖或稍钝，裂纹细密而显著；缝合线凹陷而明显；果梗黄褐色，直径2.5～3.0厘米；果蒂直径4.0厘米；种柄白色，质硬；果肉黄蜡色，厚1.1～1.4厘米，肉质极为爽脆，近核处无褐色物，汁多而不外溢，味清甜带微香，含可溶性固形物17.8%，酸0.12%，100毫升果汁含维生素C 31.52毫克；可食率74.4%～75.7%，品质优。种子有大有小，大核卵圆形，长1.5～2.2厘米，横径1.3～1.8厘米；小核长圆锥形，重3.2克，黄褐色。树冠半圆头形，较张开，树干灰白色、粗糙，枝条灰白色，着生较疏，细而硬。小叶2～3对，多为对生。叶长椭圆状披针形或披针形，也有倒披针形，长7.0～13.0厘米，横径3.0～4.0厘米，叶尖渐尖，叶基楔形，叶缘向内卷。生势健壮，100年生树高约9米，冠径9～10米，干高2.8米，胸高干周137厘米。海南3月上旬至中旬开花，果实6月中下旬成熟。该品种果特别大，肉厚、质脆，味甜带香，品质优良。

2. 无核荔

母树在永兴镇雷虎岭周边，为实生变异单株，树龄100年左右。该品种为无核型品种，单果重43.5克，成熟期6月上中旬。可食率85.59%，总糖14.7，果皮鲜红，皮厚0.69毫米，龟裂片小而毛尖或锐尖，果肩平，

世界罕见的南岛无核荔枝（吴开茂／提供）

果顶浑圆，果蒂小，果肉厚，乳白色，无核果肉厚0.9厘米，肉质软滑，近核处无褐色物，汁多，味甜带微酸。含可溶性固形物17.5%，酸0.32%，100毫升果汁含维生素C 54.2毫克；可食率76.1%，品质中等。植株高大，树冠半球形，100年生树高约10米，冠径11米，干高2.5米，胸高干周2米，树皮灰褐色，枝条细软。小叶2~4对，对生或互生。叶椭圆形或披针形，长5.5~9.0厘米，宽2~3厘米，先端渐尖。在海南2月下旬至3月上旬开花，果实6月上旬成熟。

无核荔枝为海南省乃至全国、全世界罕见的珍贵无核品质资源之一，种子退化，只留微小种柄。40个果实样中仅有1个果核，肉质软滑多汁，味清带酸，品质上乘，果实售价高，具有早结性，有待于大量推广种植。

3. 蟾蜍头

别名蟾蜍红、紫娘喜，产于海南。母树在永兴镇雷虎岭的火山灰岩辐射地带，为实生变异优良单株，树龄100年以上，现已被砍伐。果特大，平均重52.0克（纵横径4.9厘米）；歪心形，果肩一高一低，

微耸，果顶浑圆而斜，果皮较厚且韧，龟裂片大而粗，呈多角形，隆起似蟾蜍皮，裂片峰钝。果皮鲜紫红色，果肉白蜡色，厚0.6~1.4厘米，肉质较软，近核处褐色物少，汁多，味甜，可食率74.3%，总糖13.5，品质好。种子大，直径2.2~2.6厘米，宽1.9~2.0厘米，重5.8克。植株生长势旺，树冠半圆形，20年生树高约5米，冠径4.5米，干高0.7米，干周70厘米。树皮灰褐色；枝条粗壮，灰褐色。小叶2~3对，对生，叶长椭圆形或长椭圆状披针形，长7.4~11.7厘米，宽2.8~4.0厘米，先端渐尖或短尖，叶缘稍向内卷。

在海南2月上中旬开花，果实6月上中旬成熟。该品种具有早结、丰产、果特大、外观喜人、耐贮运等优点。

4. 大丁香

母树在永兴镇雷虎岭的火山灰岩辐射地带，树龄100年以上。元大德《南海志》及明正德《琼台志》记载，栽培历史千年以上。果特大，平均重32克（纵横径5厘米），大小均匀，属焦核型品种，果皮鲜红至紫红，果歪心形或心形、红色，纵径、横径均约3.9厘米，果肩微耸，果顶浑圆，龟裂片乳状隆起，裂片峰钝尖，缝合线明显，果皮鲜红色，果肉乳白色，肉厚，质地细嫩爽脆，味清甜，具香气。可溶性固形物17.2%，总糖14.52，可食率74.3%，品质优良。种子有大有小，焦核率50%

蟾蜍头（海口市农业农村局／提供）

大丁香（海口市农业农村局／提供）

以上，重2.5克。植株长势中等，树冠半球形，较张开，150年生树高约10米，冠径约9米，主干高2.8米，胸高周长180厘米。树干灰褐色，枝条灰白色，较疏长。小叶2~4对，多为4对，叶片披针形，长8~14厘米，宽2.4~3.6厘米，叶尖长尖，基部楔形，边缘有波浪纹。

在海南北部地区3月下旬开花，6月中下旬果实成熟。该品种具有早结、较丰产稳产、果实外观诱人等优点，是目前焦核品种中综合性能最强的品种。

5. 鹅蛋荔

产于海南，海南群众将大果型荔枝称为鹅蛋荔枝，亦称鸭蛋荔枝。这种荔枝果特大，平均重62.5~74.0克，最大80.0克（纵径6.2厘米，横径5.8厘米），果实大小不均匀；心形，果肩一高一低，微耸，果顶浑圆；果皮紫红色带微绿，龟裂片大，呈多角形隆起，排列不规则；缝合线凹而窄，很明显；果肉黄蜡色，肉质软滑，近核处无褐色物，汁多，味甜，含可溶性固形物14.5%~16.2%，酸0.26%，100毫升果汁中含维生素C 37.8毫克；可食率71.4%。品质中等。种子特大，长3.8厘米，宽2.4厘米。叶尖渐尖至直尖，叶基楔形。植株高大，300年实生树高25米，干高4.2米，冠径6.5~7.0米。树冠半圆头形，树干灰白色，粗糙，枝条粗壮、坚硬，节间较疏。小叶2~3对，对生。叶呈椭圆形或椭圆状披针形，长9.0~12.0厘米，宽2.2~2.5厘米，叶尖渐尖，叶基楔形。

该品种在海南3月上旬至中旬开花，6月中旬成熟，果实特大，肉厚味甜，但糖分稍低，品质中等。

鹅蛋荔（海口市农业农村局／提供）

6. 四月熟

产于海南。为海南早熟类型荔枝，一般在农历四月中旬前后成熟，故名。多分布在海南北部羊山地区的旧火山遗迹，为实生树。果大，平均重31.5克（纵径3.8厘米，横径4.2厘米）。短心形，果肩一高一低，过顶浑圆。果皮绿色带微红，厚2.0毫米。龟裂片隆起，呈不规则排列，缝合线明显。果肉黄蜡色，肉厚0.87厘米，肉质脆爽，近核处无褐色物，汁中等，味清甜带微酸，含可溶性固形物19.0%，可食率71.2%，品质中等。种子有大有小，平均重4.2克。植株生长势中等，树冠圆球形，较张开，100年生以上树高约8.5米，冠径6.7米，干高2.5米，胸高周长112厘米。主干灰褐色，枝条密度中等，棕褐色。小叶2~3对，多为对生，叶片长椭圆形，长9.0~12.0厘米，宽2.0~2.5厘米，先端锐尖，基部楔形，叶缘微向内卷。

在海南1月中下旬至2月上旬开花，5月果实成熟。该品种早熟、稳产、品质中等。

四月熟（海口市农业农村局/提供）

7. 小丁香

产于海南，海南群众把果较小、细核、质优的荔枝称为小丁香。小丁香在元大德《南海志》中有记载。

果中等大，平均重20.1克（纵径3.4厘米，大横径3.5厘米，小

小丁香（海口市农业农村局/提供）

横径3.0厘米），大小不均匀。歪心形，果肩平，果顶浑圆。果皮鲜红色，厚0.1厘米。龟裂片小，乳头状突起，排列整齐，缝合线不明显。果肉黄蜡色，肉厚1.1~1.3厘米，肉质爽脆，近无核处无褐色物，汁多而不外溢，味浓甜，有浓郁的香蜜味。含可溶性固形物20.4%，可食率74.8%，品质特别优良。全焦核，纵径1.4~1.7厘米，直径0.8~1.2厘米，重1.5克，褐色。植株高大，树势壮旺，树冠半圆球形，150年生树高约6.5米，冠径6~7米，干高2米，胸高周长1.1米，树皮灰白色；枝条疏长，黄褐色，较脆。小叶2~4对，多为对生；叶片呈长椭圆状披针形或披针形，长7.6~10.2厘米，宽2.4~3.5厘米，先端渐尖，基部多呈楔形，叶缘向上卷，叶脉明显。

在海南2月下旬至3月上旬开花，6月中下旬果实成熟。该品种核小，肉厚，肉质爽脆，味香甜，品质优良，为鲜食或制罐头的理想品种。

（四）荔枝的开发与多种用途

明朝李时珍所撰《本草纲目》载："常食荔枝，能补脑健身，治疗瘰疬疔肿，开胃健脾，干制品能补元气，为产妇及老弱补品。"据分析，每100克荔枝果肉含有水分83.8克、碳水化合物14.76克、蛋白质0.82克、脂肪0.2克及10多种矿物质（钙5毫克、磷31毫克、钾171毫克、锌0.7毫克、铁0.31毫克、镁10毫克、铜0.148毫克、锰0.055毫克及硼0.02毫克等）；含有4种维生素：维生素C 1.5毫克、维生素B_1 0.011毫克、维生素B_2 0.065毫克和维生素B_6 0.603毫克；还含有8种人体必需的氨基酸，其中丙氨酸110毫克、谷氨酸62.9

毫克、天门冬氨酸60.3毫克、赖氨酸37.2毫克；含热量26.67×10⁴焦耳。

荔枝壳含有多种活性成分，如黄酮类、酚酸和多糖类物质。荔枝核中含有多糖、淀粉、皂苷、鞣质、氨基酸、脂肪酸、挥发油、聚合花色素、碳水化合物及矿物质元素等化学成分。荔枝核可作中药，我国传统中医认为，荔枝核性味甘、微苦，归肝、肾经，具有温中理气、止痛的功效。现代医学研究也表明，荔枝核具有降血糖、防治糖尿病、抑制乙肝病毒表面抗原、护肝等作用。此外，荔枝核具有较强的抗氧化作用，对亚硝胺合成具有阻断作用，同时能有效清除亚硝酸根离子。

羊山荔枝除鲜食外，荔枝的加工产品主要有荔枝干、荔枝汁、荔枝酒、糖水荔枝、冷冻荔枝等，还有利用荔枝原料制成的荔枝红茶和荔枝饮料等。荔枝加工过程中产生的多种副产物，包括荔枝壳、荔枝核及榨汁后的果肉渣等，通过综合利用也能产生很好的价值。荔枝壳能够提取粗黄酮、酚酸和水溶性多糖等活性成分和荔枝壳红色素；荔枝核在临床上主要用于治疗糖尿病，目前制成的药物有荔枝核浸膏片、荔枝核散，还可以制成茶饮用；荔枝木材质重、硬，气干密度0.89~1.07克／厘米³，是木雕、户外家具、古典家具的良好用材。

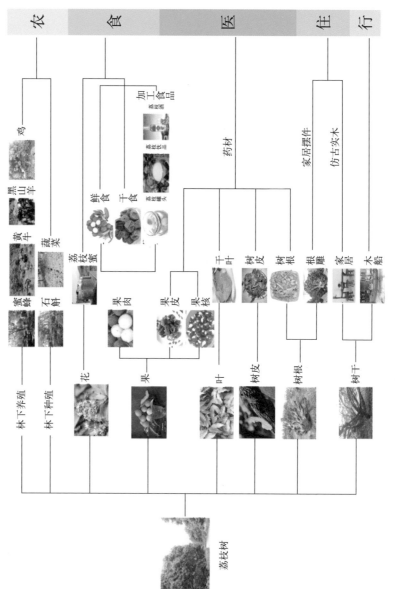

荔枝的多种用途（黄盛怡／提供）

二

火山农业：丰富的生物多样性与复合的农作系统

海南海口羊山荔枝种植系统

荔枝树根系发达，可以深深扎根于土壤中吸收土壤中富含的硒等矿物元素，而且非常耐旱，仅需要少量雨水浇灌就可以健康生长。随着火山岩的风化，裸露的土壤越来越多，人们充分挖掘火山石土地资源，开始在高大的荔枝树下面种植一些喜阴的作物，形成了遗产地颇具特色的林下种植和养殖模式，如荔枝－木薯型、荔枝－番薯型、荔枝－芋头型、荔枝－畜牧型等，并收获了许多特色农产品，如永兴黄皮、黑山羊、石山黑豆、火山石斛等，极大地提高了对有限土地的利用效率，同时也形成了多层立体景观结构。

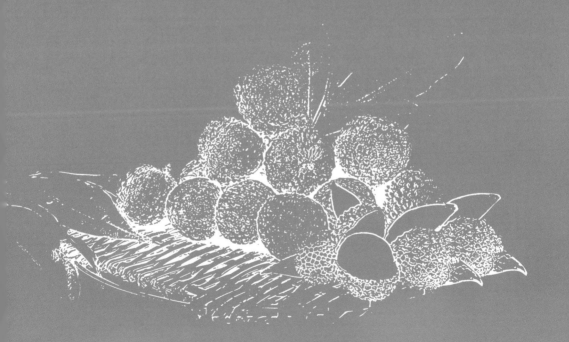

（一）自然生态条件

石山镇马鞍岭火山口是距今2.7万年至100万年间火山爆发时火山口群中最大的一个，也是世界上最完整的死火山口之一。北峰海拔222.2米，爆发口直径220米，深90米，由各种形态的火熔岩、火山碎屑岩组成，有呈气孔状、流纹状、卵状、角砾状等多姿多彩的熔岩、火山弹、火山角砾岩等；南峰海拔186.75米，其四周分布着大小30多座拔地而起的孤山，它们都是火山爆发形成的火山口或火山锥，与马鞍岭遥相呼应，构成以马鞍岭为中心的群峰锥立的奇特景观。此外，由于火山爆发时地下岩浆的运动，留下了纵横交错的地下溶洞群，被地质专家称为"天然的地下火山岩洞博物馆"。

永兴镇雷虎岭与马鞍岭遥遥相望，站在山顶北望，不仅可以看见马鞍岭，还能依次看见海口、琼州海峡。雷虎岭海拔187米，山顶是火山口，直径约300米，中心下深度约50～60米。站在山顶南侧，可以清晰地看见山顶的西北侧，有一宽大的缺口，使整个山形看上去像农家使用的畚箕。雷虎岭的锥体为火山碎屑岩，厚约42米，其下为凝灰岩和玄武岩，厚约5米，隔风化壳（2米），过渡为玄武岩与气孔状玄武岩互层，厚约35米。永兴镇雷虎岭是两期火山作用的结果。雷虎岭因形似蹲虎而得名，火山口规模比马鞍岭火山口大近1倍，因此更为雄伟壮观。火山口环壁呈阶梯状，底部宽广平坦，仿佛一个天然体育场。

石山镇境内有中型水库1座（玉凤水库），小型水库1座（美造水库，属澄迈县管辖），小二型水库3座（用畔水库、永群水库、北征水库），山塘2座（关万塘、道明塘），松涛水库二级灌溉从其境内经过。永兴镇境内没有流经的河流，但是镇北部和南部有海口市3条知名河流的发源地：永兴西湖是海口市母亲河——美舍河发源地，永兴镇东城村是五源河发源地,杨南村是昌旺溪发源地。永兴西湖又称龙潭、石湖、玉龙泉,面积10多亩,湖面平静如镜,湖畔浅草茸茸,湖的四周全是羊山地区常见的火山石,数个泉眼从石缝中喷涌而出,常年不息。

1. 适宜的气候条件

石山镇和永兴镇是中国荔枝适生区纬度最低的两个地区,光照充足,热量丰富,年平均气温为23~25℃;年日照时数为1 750~2 750小时,全年接受太阳辐射为$4.6×10^6$~$5.82×10^5$焦耳,多数地区年降水量为1 500~2 000毫米,冬春少雨,夏秋多雨,雨量充沛,降水量最少地区年均也有1 000毫米左右,冬季有明显的旱季,冬春均无寒害;年平均蒸发量为1 833.8毫米,5~7月蒸发量最大,月蒸发量均在200毫米以上;1~2月蒸发量较少,月蒸发量均在100毫米以下。冬季(10月至次年2月)由于北方冷空气入侵频繁,劲吹偏北季风,风向以东北为主;夏半年(4~8月)受低纬度暖气流影响,盛行偏南季风,风向以东南为主。

由于气温高,雨量多,光能足,对荔枝的生长非常有利。冬季适当的干旱有利于花芽分化,花期阴雨天少,有利于开花坐果。就同一个品种而言,海南荔枝比大陆早成熟1个月左右。海南有效积温高,荔枝早熟,故有"火珠压树红离离,五月炎炎熟荔枝"之句。

2. 土壤状况

土壤基本上分为三类:

(1) 黑色植质土

这种土壤主要是由火山喷出物发育形成的火山灰土,大部分耕层较浅，耕地厚度不超过15厘米，底下有丰富的火山岩矿产资源。土壤质地为壤土，土壤呈灰褐色、灰棕色，碎块状结构，松散，根系多，有较多中等风化的气孔状玄武质火山碎屑、石子。土壤表层为弱发育的小团粒或小粒状结。该壤土的性质则介于沙土与黏土之间，其耕性和肥力较好。土壤容重为1.37～1.54克／厘米³，土壤总孔隙度适宜，为46%～50%，土壤呈酸性。这种质地的土壤，水与气之间的矛盾不那么强烈，通气透水，供肥保肥能力适中，耐旱耐涝，抗逆性强，适种性广，适耕期长，最适宜栽种荔枝、黄皮、菠萝蜜等经济林木、薯类和各种经济作物。火山灰土壤及火山岩地下水富含养分，具有多种矿物质和微量元素，其中硒元素含量最为丰富。根据研究，全国土壤硒背景值为0.2毫克／千克，而海口羊山地区硒的平均含量超过0.45毫克／千克。

（2）红壤土

这类土壤是由玄武岩风化淀积而成，为赤红色，质地多为黏土和沙壤土，黏粒和沙粒分量较适中，土层深厚，渗水性好，保肥保水力强，其性质呈弱酸性，土质疏松而肥沃，是优良的土壤，适宜种植陆稻、薯类和各种经济作物，在有护林和水源的地方，可种植荔枝、黄皮、菠萝蜜等果树。

石山镇三卿村农田土壤（王斌／摄）

(3) 冲积土

这类土壤是由水流冲积而成，为沙壤土和壤土，土层深厚，保水力好，土质肥沃，是最优良的土壤，长期有水的地可改良成水田，适宜种植水稻，排干后可以种植薯类和各种经济作物。

（二）热带农业生物资源库

1. 荔枝林内生物多样性

羊山地区地处热带，适宜多种生物生存发展。荔枝林与当地已有的成熟次生林地有机结合，林内生态环境良好，除荔枝外，其他生物品种多样、丰富，荔枝林内呈现出生物的多样性。

多种植物混生（张灿强／摄）

常见高大乔木包括野生荔枝、大叶榕、小叶榕、高山榕、木棉、鸭脚本、母生等；中小乔木包括野生龙眼、苦楝、海棠等；灌木包括破布叶、三脚虎等。许多藤本类植物及附生植物，多生长于高大乔木的枝干及林间火山石上。在林内木本植物下层，伴生有大量大叶草本植物，如滴水观音、飞机草、芒草、茅草等；也有少量菌类生长于林间枯腐树木枝干上。除众多植物资源外，也有大量的动物生存在荔枝林内。林内不仅是许多节肢动物与有益昆虫的家园，也是众多啮齿类动物、鸟类、蛙类及蛇类的重要栖息地。

2. 农业物种资源

粮食作物包括水稻（早稻和晚稻）、木茨（2个品种）、蕃茨（2个品种）、玉米、小米、大茨（2个品种）、毛茨、芋头、番薯（30多个品种）；经济作物包括花生（5个品种）、芝麻（18个品种）、茶油、甘蔗（10个品种）；瓜菜作物包括冬瓜（2个品种）、南瓜、丝瓜、木瓜、苦瓜、佛手瓜；传统蔬菜主要有白菜、青菜、芥菜和萝卜，此外还有韭菜、空心菜、甜菜、菠菜、油菜、茄子、番茄等；豆类作物包括黑豆（6个品种）、纽豆（木豆）、绿豆和草豆（亦称长豆）；林果类作物包括菠萝、芒果、香蕉、荔枝、龙眼、黄皮、槟榔、番木瓜、莲雾、杨桃、石榴、椰子、火龙果及柑、橘、橙、柚类。同时，当地还有畜禽及其他多种养殖品种，包括猪、牛、黑山羊、兔、鸡、鸭、鹅、蜜蜂等（表3、表4）。

表3　遗产地农作物品种

类　别	物　种
粮食作物	水稻、木茨（红皮、白皮）、蕃茨（生茨蕃茨、长茎蕃茨）、玉米、小米、大茨（红心、白心）、毛茨、芋头、番薯等
经济作物	花生（狮头企、狮梅17、陵育1号、粤油116、汕油27）、芝麻（大肚、尖嘴、海芝选、崖州芝麻、安定黑芝麻、紫花叶13、白花一条鞭、激光2号、海芝麻等）、茶油、甘蔗（台糖134、东爪畦2878、印度997、粤糖63/237、桂糖1号、桂糖11、海蔗4号、珠江75×53等）
瓜菜作物	冬瓜（白皮、青皮）、南瓜、丝瓜、木瓜、苦瓜、佛手瓜
传统作物	白菜、青菜、芥菜、萝卜、韭菜、空心菜、甜菜、菠菜、油菜、茄子、番茄等
豆类作物	黑豆（大粒黑豆、铁壳黑豆、灰壳黑豆、结顶黑豆、四季黑豆、小粒黑豆）、纽豆、绿豆、草豆
林果作物	菠萝、芒果、香蕉、荔枝、龙眼、黄皮、番木瓜、莲雾、杨桃、石榴、椰子、火龙果及柑、橘、橙、柚等
畜禽及其他	猪、牛、黑山羊、鸡、鹅、鸭、蜜蜂等

　　同时，通过多种热带果树间作、农林复合经营等方式，合理利用火山资源，从而生产并提供其他重要的农产品。羊山地区与荔枝混生间作的热带水果主要有香蕉、黄皮、菠萝蜜、番石榴、百香果。

表4　主要水果种植面积和产量（2018年）

类　型	永兴镇		石山镇	
	面积（亩）	总产量（吨）	面积（亩）	总产量（吨）
芒果	0	0	141	236
香蕉	3 572	7 858.4	13 870	30 514
龙眼	50	20	850	24
柑、橘、橙、柚	188	136.5	1 102	966.5

（续）

类　型	永兴镇		石山镇	
	面积（亩）	总产量（吨）	面积（亩）	总产量（吨）
杨桃	238	463.5	540	1080
番石榴	407	620.5	370	565
椰子	274	205.5	162	151.2
槟榔	787	285.6	4 685	1 860.5
黄皮	13 900	21 700	—	—

海口市十大农业品牌发布会（海口市农业农村局／提供）

遗产地特色农产品

（1）果中之宝——永兴黄皮

黄皮原产中国南方，在中国有1 500多年的种植历史。海口永兴镇是世界黄皮的原产地之一，其野生黄皮林生长年代久远，是世界黄皮种质资源基因库之一，也是中国黄皮的故乡。一代又一代的海口火山人，摘黄皮、吃黄皮、卖黄皮，伴着这片黄皮一起成长，安家落户。千万年前的火山喷发孕育了这片神奇的火山沃土，上千年的火山相伴终开辟了一座世外的黄皮家园，果树成林、黄皮飘香，火山石屋造型古朴有趣，黄皮林中遍地散落着黑色火山石，林果屋石相映成趣、美不胜收。

独特的火山熔岩和良好的生态环境造就了味道与营养均独一无二的永兴黄皮。火山石中富含硒、钠、镁、硅、钙、铁等几十种矿物质和微量元素，土壤中有机成分远高于普通土壤，而永兴黄皮长年在火山石缝隙中坚韧生长，根系更深，吸收火山石营养更为丰富，这使得永兴黄皮不仅酸甜适中、口感独特，还富含硒元素，拥有远高于普通黄皮的营养价值。黄皮的皮、叶、花、果、核等皆可入药，具有较高的药用价值，黄皮具有消食健脾、化痰平喘、降火助消化、顺气镇咳的功效，素有"果中之宝"的美誉。

凭借羊山独特的火山地貌、得天独厚的生态资源条件与数百年来世代种植黄皮的经验优势，永兴大力发展黄皮产业，从野生黄皮林中精选优良品种进行嫁接改良、驯化培育，培育出了世界独有的黄皮品种，无核黄皮、大小鸡心黄皮外观不一，口感风味各具特色，并

永兴黄皮（吴开茂／提供）

且质量不断提升，真正造就了永兴黄皮的"人无我有、独一无二"。2016年，永兴黄皮获得国家地理标志农产品注册商标。

火山石斛（海口市农业农村局／提供）

（2）生命奇迹——火山石斛

唐代开元年间道教经典《道藏》记载：石斛、天山雪莲、千年人参、百二十年首乌、花甲之茯苓、苁蓉、深山灵芝、海底珍珠、冬虫夏草为九大仙草。石斛自古是我国名贵中药，其性寒，味甘、淡、微咸，俗称"药黄金"，多生长在人迹罕至的悬崖峭壁背阴处的石缝里，根不入土，终年饱受云雾雨露的滋润，受天地之灵气，取日月之精华，又名"不死之草"，是养生之上品。

千年中华仙草遇到万年火山，碰撞出了独特的生命奇迹——海口火山石斛。依托无法复制的火山熔岩地貌和海南岛得天独厚的良好生态，海口羊山火山地貌群种植出了独具药用特性的石斛品种。海南岛生态火山种植，空气中负氧离子含量极高，给了石斛最纯净的生长环境；热带海洋性季风气候，年平均气温24℃左右，让石斛全年温暖生长；万年火山石种植，富含硒、钠、镁、铝、硅、钙、铁等数十种矿物质和微量元素，检测结果皆达国家一级农业种质标准，火山石天然蜂窝多孔，是菌胶团最佳的生长环境。经科学检测，海口火山石斛富含石斛碱、石斛次碱、6-羟基石斛碱等，其石斛碱含量高达0.6以上，其有效成分高于国家药典标准1.5倍，书写了"北有霍山，南有火山"的石斛业界奇迹。

（3）火山石上的舞者——黑山羊

羊山地区普遍被火山石覆盖，原来物产稀少，因瘠薄的红土地上盛产黑山羊，便冠以羊山的名字。黑山羊浑身通黑，毛色乌亮，攀岩爬沟如履平地，颇为独特，且其皮嫩肉滑，极宜火锅汤羹，是海口的美食之一。

民间有一个传说故事，唐朝宰相韦执谊被贬到海南之后，落籍于现在海口琼山区的十字路镇。火山造成的石漠化地貌想种啥都种不了，最初，这一切让这位倒霉的宰相感到绝望。但他毕竟当过宰相，见多识广爱琢磨。他慢慢发现这里的黑山羊吃着火山石缝里的嫩草，长得奇好，肉质没有半点北方的羊膻味儿，还特别细嫩，羊群可以自行繁殖，散放出去还不用管……这一重大发现使韦宰相欣喜若狂，立刻发动随他迁来海南的族人大力发展养羊经济，很快就安居乐业了。这事儿一传十，十传百，很快整个火山造成的石漠化地区都纷纷开始养羊，以致人们把火山地区改了个名，叫羊山地区，并一直叫到现在。

如今，在秀英区西部石山镇，离海口约20千米处修建了火山群国家地质公园，属地堑-裂谷型基性火山活动地质遗迹，也是中国罕见的全新世火山喷发活动的休眠火山群之一。去火山口远足散心，看看火山石砌成的村落，到火山口脚下的荔枝园、黄皮林里吃点荔枝和黄皮，尝尝盛名远扬的以黑山羊做成的美味，已成为琼岛人的闲暇乐事。

2016年海口市十大农业品牌发布会上，永兴荔枝、永兴黄皮、火山石斛、石山黑豆被评为海口市十大农业品牌。

3. 其他植物与动物资源

(1) 植物资源

遗产地现有野生维管束植物1 980多种，占海南省野生维管束植物的44%，其中海南特有种40多种，列入国家二级保护9种（表5）；乔灌木180多种，占全省的9.1%，其中80多种属经济价值较高的用材树种；药用植物1 200多种，占全省的60.6%。

遗产地国家二级保护树种有野生荔枝、矮琼棕、海南海桑、红榄李、琼棕、水椰子、小花龙血树、见血封喉、白木香（土沉香）9种。

火山石上的植物（王斌／摄）

常见乡土树种有荔枝、重阳木、母生、黄桐、白木香、灯架树（四盘架）、鸭脚木、椰子、油棕、散尾葵、鱼尾葵、琼棕、矮琼棕、菠萝蜜、乌墨、木棉、榕树、海南红豆、酸豆树、幌伞枫、龙眼、琼崖海棠、蒲桃、秋枫、苦楝、凤凰木、柚木29种；常见的引进树种有桉树、相思树、木麻黄、榄仁树（大叶榄仁树）、小叶榄仁树、印度紫檀、桃花心木、麻楝、橄榄9种。

表5　遗产地国家二级保护植物和特有种名录

保护级别	物　种	
	中文名	拉丁名
国家二级保护植物	野生荔枝	*Litchi chinensis* var. euspontanea
	矮琼棕	*Chuniophoenix nana*
	海南海桑	*Sonneratia xhainanensis*

（续）

保护级别	物　种	
	中文名	拉丁名
国家二级保护植物	红榄李	*Lumnitzera littorea*
	琼棕	*Chuniophoenix hainanensis*
	水椰子	*Nypafructicans Wurmb*
	小花龙血树	*Dracaenacambodiana Pierreex*
	见血封喉	*Antiaris toxicaria*
	白木香	*Aquilaria sinensis*
海南特有植物	多核果	*Pyrenocarpa hainanensis*
	圆枝多核果	*Pyrenocarpa teretis*
	山铜材	*Chunia bucklandioides*
	刺毛头黍	*Setiacis diffusa*
	多瓣核果茶	*Parapyrenaria multisepala*
	保亭花	*Wenchengia alternifolia*
	盾叶苣苔	*Metapetrocosmea peltata*
	白水藤	*Pentastelma auritum*
	半蒴苣苔	*Hemiboea henryi*
	吊罗山青冈	*Cyclobalanopsis tiaoloshanica*
	绢毛木兰	*Magnolia albosericea*
	缘毛红豆	*Ormosia howii*
	五柱柃	*Eurya pentagyna*
	疏毛卷花丹	*Scorpiothyrsus oligotrichus*
	光叶卷花丹	*Scorpiothyrsus glabrifolius*
	吊罗坭竹	*Bambusa diaoluoshanensis*
	保亭黄肉楠	*Actinodaphne paotingensis*
	保亭琼楠	*Beilschmiedia baotingensis*
	保亭新木姜子	*Neolitsea howii*
	海南新木姜子	*Neolitsea hainanensis*
	保亭梭罗	*Reevesia botingensis*

（续）

保护级别	物　种	
	中文名	拉丁名
海南特有植物	保亭紫金牛	*Ardisia baotingensis*
	琼中山矾	*Symplocos maclurei*
	柃叶山矾	*Symplocos euryoides*
	林生粗叶木	*Lasianthus kurzii*
	琼崖粗叶木	*Lasianthus lei*
	海南油杉	*Keteleeria hainanensis*
	雅加松	*Pinus massoniana* var. *hainanensis*
	琼岛杨	*Populus qiongdaoensis*
	尖峰猪屎豆	*Crotalaria jianfengensis*
	尖峰蒲桃	*Syzygium jienfunicum*
	尖峰岭锥	*Castanopsis jianfenglingensis*
	尖峰粗叶木	*Lasianthus longisepalus*
	锈叶琼楠	*Beilschmiediao abconic*
	东方琼楠	*Beilschmiedia tungfangensis*
	白背黄肉楠	*Actinodaphne glaucina*
	梨润楠	*Machilus pomifera*
	尖峰润楠	*Machilus monticola*
	皱皮油丹	*Alseodaphne rugosa*
	东方肖槠	*Platea parvifolia*
	糙叶山蓝	*Peristrophe strigosa*
	毛巴戟天	*Morinda officinalis*
	海南巴戟天	*Morinda hainanensis*
	海南黄花梨	*Dalbergia odorifera*
	海南苏铁	*Cycas hainanensis*
	海南灰孔雀雉	*Polyplectron katsumatae*

（2）动物资源

遗产地荔枝林生态系统保存良好，气候温暖，水源充足，食物丰富，为动物的生存、繁衍提供了良好的环境，拥有丰富的动物资源，有野生陆栖脊椎动物199种，其中两栖类22种、爬行类36种，鸟类119种、兽类24种。

遗产地动物资源中海南特有种有3种，列入国家一级、二级重点保护野生动物名录有13种（表6），省重点保护动物有70种。海南特有种有海南坡鹿、海南长臂猿、云豹、海南山鹧鸪、巨蜥；国家一级保护野生动物有蟒蛇1种；国家二级保护野生动物有苍鹭、鸳鸯、红隼、原鸡、褐翅鸦鹃、绿嘴地鹃、海南青鼬、小灵猫、赤腹松鼠、眼镜蛇、地龟、山瑞鳖12种。

表6 遗产地国家一级、二级保护动物和特有种名录

保护级别	物　种	
	中文名	拉丁名
国家一级保护动物	蟒蛇	*Python bivittatus*
国家二级保护动物	苍鹭	*Ardea cinerea*
	鸳鸯	*Aix galericulata*
	红隼	*Falco tinnunculus*
	原鸡	*Gallus gallus*
	褐翅鸦鹃	*Centropus sinensis*
	绿嘴地鹃	*Phaenicophaeus tristis*
	海南青鼬	*Martes flavigula hainana*
	小灵猫	*Viverricula indica*
	赤腹松鼠	*Callosciurus erythraeus*
	眼镜蛇	*Naja* spp.
	地龟	*Geoemyda spengleri*
	山瑞鳖	*Palea steindachneri*
海南特有种	云豹	*Neofelis nebulosa*
	海南山鹧鸪	*Arborophila ardens*
	巨蜥	*Salvator Stelliosalvator*

（三）复合的种养系统

1. 农田林网

农田林网是遗产地最具代表性的一种复合农业生态系统，常以荔枝、香蕉、木瓜、椰子、菠萝蜜等果树为林网，主要农田作物有水稻、木茨、小米、玉米、大茨、毛茨等粮食作物和花生、芝麻、茶油、甘蔗等经济作物。

林网的面积根据地形的不同大小不一，根据适地适树的原则，在不同的立地条件结合农田作物的生长选择不同的林网树种。由于果树林带的屏障作用，林网内风速得以有效降低，农田作物及土表蒸发减少、湿度增大，利于农作物生长；同时由于林带的存在，能减轻林网内高温灼伤和低温冻害的发生，促进作物增产增收。遗产

遗产地的农田林网（王斌／摄）

地以果树为主的林网既可以增加森林植被，又能让农民获得一定的经济收益，同时也形成了优美的乡村田园景观，极具观赏价值。

2. 林果间作

遗产地热带水果种类繁多，常见的林果间作物种有荔枝、黄皮、槟榔、香蕉、菠萝、芒果、龙眼、菠萝蜜、番木瓜、莲雾、杨桃、石榴、椰子、火龙果及柑、橘、橙、柚类水果等。不同的林果间作主要是通过合理地选择不同生态位的品种、不同习性的品种进行间作，在空间资源利用上进行互补，或者两者对空间资源能够尽量合理利用并且竞争性较少。

由于荔枝生长周期长，产前期净投入而无产出，一般在荔枝林幼龄时期与菠萝、火龙果等比较低矮的多年生草本和多年生肉质植株间种。矮化的荔枝林一般与椰子、槟榔、番木瓜等冠幅较小的果树品种间作；较高大的荔枝一般与芒果、龙眼、菠萝蜜、莲雾等中高型乔木果树成片混种。不同林果间作相对于单一种植荔枝树的林地，在同一块土地上，可以在不同的时间产出不同的产品，有效地分散了种植的风险。不同品种的林果间作可以保持水土、保持湿度，发挥良好的生态效益，间作中不同的品种之间肯

林果间作（王斌／摄）

定是会存在一定的竞争关系，不过在对间作物种进行选择搭配的同时一般已经将这个问题考虑进去了，把竞争降到了最低，把整体的生态效益尽量放大。生产上的大量间作生产模式已经证明，即使存在一定的竞争，只要做好搭配，其整体的生态效益仍然十分显著。

3. 林农复合

(1) 林果粮复合模式

果粮间作节约了对土地的占用，同时也形成了果园的多层立体结构，遗产地内常见的果粮间作套种有荔枝－木薯型、荔枝－番薯型、荔枝－芋头型等。

荔枝－木薯型：木薯原产于热带，灌木状多年生作物，喜光植物，适应性极强。遗产地内土壤多为火山灰土，土壤偏酸性，木薯

荔枝－木薯间作（王斌／摄）

则适应遗产地内酸性土壤生长。在荔枝林中光照条件良好的空地中种植木薯，种植方式简单，种植形式多样，种植后期管理粗放。在荔枝林间种植木薯，可采用开沟、挖穴、起畦等方式种植，通常使用茎部进行繁殖。木薯耐贫瘠性强，属于深根性植物，吸收养分的能力很强，后期不需要过多的管理便能获得一定的产量。荔枝林间种植木薯可利用木薯枝叶的覆盖作用防止地表径流，涵养水源，减少地表蒸发。在荔枝林间种植木薯往往在采挖收获后直接深耕翻土，不需要将枝干挑出果林焚烧，这样既减少了大气污染也增加了土壤肥力。

荔枝－番薯型：番薯又称地瓜、红薯，属于较低矮的一年生藤蔓作物，是遗产地内主要的杂粮之一，在遗产地内普遍种植，当地人叫番茨。遗产地种植的番茨有两种不同的种类：一种是生茨番茨，生茨（块根）供人们食用，茎叶作为饲养家禽家畜的饲料之用；另一种是长茎叶供人们菜食，全年四季都可采摘，是当地的美味菜肴，有"皇帝菜"之美名。由于番茨在坡地种植比在石子地种植的产量要高得多，所以常见在坡地荔枝林下种植生茨番茨，在石子地及村庄房屋周边的荔枝林下种植供食用的番茨。番茨具有适应性广、抗逆性强、耐旱耐瘠、病虫害较少等特点，在荔枝林下种植可以起到增温保墒作用，同时可以改善土壤的理化性、增加土壤的昼夜温差，促进荔枝林的生长。

荔枝－芋头型：遗产地内常见荔枝林与芋头套种，较少量的荔枝林下套种魔芋。芋头属于一年生植物，一般在早春种植，农历十月就可以收获，短期投入，见效快。芋头生命力强，在积水地、坡地、石子地上都可以种植，并且芋头全身上下均可食用，芋梗可腌制成可口菜肴，芋头可蒸煮食用。魔芋原产热带及亚热带林冠层下，多年生草本植物，要求一定的庇荫生境。在荔枝林冠层下种植魔芋方法简单，可用种子繁殖，也可用块茎、顶芽、芋鞭等进行繁殖，一般在采挖收获后留在地里的芋鞭及小块茎翌年又可萌芽生长。魔芋除了人们正常食用之外还可以酿成祛风祛痛、治疗风湿关节等病症药酒，疗效显著。荔枝林下种植芋头、魔芋可形成两层结构，林下芋头、魔芋的覆盖作用可防止地表径流，涵养水源，减少地表蒸发。芋头、魔芋在林下种植，不需要特意以支架设荫棚，这样既可以节约成本又可以增加经济收入。

（2）林果菜复合模式

林果菜复合模式在羊山地区也较为普遍，即在林下进行蔬菜种植，遗产地内较普遍的是在林下发展常见的如绿色蔬菜及瓜类等时令蔬菜，投资少，易操作，收获快，精耕作，也有利于林木的生长。一般都是在株行距较大、郁闭度小的林下进行种植，以短养长，增加林农经济收入，改良林地土壤。另一类是在林下发展野生蔬菜种植，满足市场对特色野生蔬菜的需求，大部分野生蔬菜可在具有适当荫蔽度的林下种植，既可采用粗放式种植也可进行精耕细作的管理。

荔枝-蔬菜型：遗产地内在幼年荔枝林下种植蔬菜非常常见，主要种植品种有白菜、青菜、芥菜、萝卜、韭菜、空心菜、甜菜、菠菜、油菜、茄子和西红柿等传统蔬菜。荔枝林下种植的蔬菜在种植后几个月就可收获，可以根据不同的立地条件灵活、合理地利用幼年树林的光照和土地空间。例如在光照条件好的林下开垦出空地来，种植辣椒、萝卜、甜菜、西红柿等喜光蔬菜，在林下光照条件不好的土地上种植韭菜、空心菜、白菜、青菜、芥菜等喜阴或耐阴蔬菜，这类蔬菜要求一定的庇荫生境，种植在荔枝林下既节省了成本又合理利用了荔枝林的垂直空间。在幼年荔枝林下种植蔬菜，除了有更丰富的农产品产出外，还有改善土壤理化性能和果林间小气候的作用，对其上的幼年树生长十分有利。

荔枝-瓜果型：主要是在荔枝林下进行瓜果种植，栽培的植物种类繁多，主要有冬瓜、苦瓜、南瓜、丝瓜、佛手瓜等，种植结构复杂。种植瓜果类蔬菜一般是上下层结构，但在遗产地内有些地块可以形成上、中、下三层结构，上层为荔枝林冠层，中层为简单木架支起的丝瓜、佛手瓜等瓜类，下层为野生草本植物。这种类型无论水平配置还是垂直配置，空间利用相当充分，各种群的生态位布局相当合理，对光、温、水的利用率也相当得高。

(3) 林果药复合模式

荔枝-火山石-石斛模式：遗产地林下种植的中药材种类有穿心莲、砂仁、益智、巴戟、草果、地胆头、石斛、藿香、金线莲、重楼等，最常见的是在荔枝林下种植石斛，并且是利用火山岩种植石斛。野生石斛通常生长于林中树干上或岩石上，它们喜温暖、湿润和半阴环境，不耐寒。石斛虽然比较喜光，但光照过强，茎部会膨大、呈黄色，叶片会变为黄绿色，所以一般栽植石斛都以夏秋遮光50%、冬春遮光30%为宜，土壤宜用排水好、透气好的土壤。荔枝-火山石-石斛模式中，荔枝为石斛提供荫蔽条件，火山岩和火山灰土

火山石墙上生长的石斛（张灿强/摄）

为石斛提供通气透水的生长环境；火山岩地下水富含养分，具有多种矿物质和微量元素，特别是丰富的硒元素，为石斛提供了得天独厚的养分条件。林下间作石斛通常需要精耕细作，这也有利于改善土壤墒情及增加土层肥力，也可促进林果的生长。

（4）林果油料作物复合模式

荔枝－油料作物型：遗产地内荔枝林下种植的油料作物常见的有黄豆、黑豆、花生、芝麻、油菜等一年生的浅根性作物。黑豆是遗产地一大特色，因为黑豆比黄豆含有更丰富的维生素和蛋白质，遗产地内用黑豆制成的豆制品和用黑豆育成的豆芽菜，是全岛闻名的菜品。一般是在荔枝树幼龄阶段进行间种，具有投入小、见效快、增加地面覆盖防止水土流失、改良土壤、不与果树争肥争水等特点，秸秆还田还可增加土壤有机质含量。其中黄豆、黑豆、花生等具有固氮根瘤菌，对保持和提高土壤氮素含量有良好的作用，豆类收获后留下的根可作为覆盖荔枝树根的良好材料。遗产地内荔枝－油料作物模式主要是通过合理的选择搭配，改变了原来单一种植荔枝和单一种植油料作物的习惯，变成同一块土地上进行两种或两种以上的复合种植，可在有限的土地上追求荔枝及油料作物的双丰收。

（5）林果禽复合模式

荔枝－家禽型：主要是利用高大古荔枝树下的空间及幼年荔枝林间的空地养殖家禽，遗产地内主要养殖的家禽有鸡、鸭、鹅等品种。荔枝树可为家禽提供新鲜的空气和清洁的环境，夏季遮阳避暑，冬季可减弱寒风侵袭；林下杂草虫类等野生资源为家禽提供了很好的食物，荔枝林地也是家禽最好的活动场所，通过这种方式养殖的禽产品品质好、无污染，具有绿色、环保的特点。荔枝林在为家禽提供好的生活环境的同时，家禽也消除了林间杂草，减少了害虫的滋生；家禽的粪便可以为荔枝树的生长提供优质的肥料，对提高荔枝林地的土壤肥力、提高荔枝产量、加快果树生长有明显的作用。但

荔枝林下养鸡（张灿强／摄）

是一般林下养殖家禽品种都是地方家禽品种或地方杂交的家禽品种，"快大型"肉质家禽不适宜在荔枝林下养殖。林下养殖家禽的密度也不宜过大，枝叶过于茂密、郁闭度过大的荔枝林地不宜养殖家禽。郁闭度过大的荔枝林透光通气性差，不利于家禽的生长。

（6）林果畜复合模式

荔枝－家畜型：遗产地内最常见的是荔枝林下养殖黑山羊，并且石山镇养殖的黑山羊形成了优良的品牌"石山壅羊"。石山壅羊就是养殖在荔枝林间的黑山羊，饲养的方式为圈养，这里的圈养不是局限于几平方米的小围墙里，而是圈定一片大的区域进行自由放养。这样生长起来的壅羊，其羊肉鲜嫩，不腻不膻，入口滑爽，香气沁鼻。特别是出生半个月到20天的羊羔，或是圈养约2个月、体重约15千克的中羊，羊肉味道更佳。遗产地内还有荔枝林下养牛，一般养殖的为黄牛，但目前未形成规模。荔枝林下养殖家畜，林下可食用的杂草都可以用来饲喂牛羊，并且也解决了农区养羊、养牛无活动空间的矛盾，有利于家畜的生产、繁殖；荔枝林树冠遮阳，夏季温度比外界气温平均最少低2~3℃，比普通封闭式畜舍低4~8℃，更适合家畜的生长；同时也为畜群提供了优越的生活环境，有利于防止疫病。家畜产生的粪便可为荔枝的生长提供优质的有机肥料，家畜还能有效地防治树木害虫，节约了饲料费、肥料费和病虫防治费，形成了以草养牧、以牧促林、以林护牧的良好生态系统，实现了林牧共赢。从另一方面看，把千家万户分散的庭院养殖转移到林下，解决了影响农村环境卫生的粪便污染难题，美化了村容村貌，有效地减少了疾病的传播，改善了村民居住生活环境。

（7）林果蜂复合模式

荔枝－蜜蜂型：遗产地荔枝林内养殖的昆虫主要是蜜蜂，富足的阳光、充沛的雨量与温和的气候使遗产地四季花香蜜流，成为蜜蜂生存繁殖的天堂。清末至民国时期，许多农户用木桶或竹篓挂在林下或屋檐下养蜂，或者在山中荔枝林下用石头筑石洞养蜂，每年清明、冬至两次取蜜，产量很低。现在改为在荔枝林箱养蜜蜂，对蜜蜂进行人工分群，取蜜方式也从以前的毁巢取蜜改为了人工离心取蜜，产量不断增加，遗产地内养蜂业也远近闻名。荔枝林下的阴凉环境有益于蜜蜂的活动和生长，为蜜蜂的繁衍生息构筑了生态屏障，在荔枝林下养殖蜜蜂可生产特有的荔枝蜜，鲜美可口，质量上乘。同时，蜜蜂在荔枝开花期为荔枝传花授粉，增加了荔枝结果率，提高了荔枝产量。

海南海口羊山荔枝种植系统

三

热带生态：独特的景观与服务价值

火山喷发后，地表被火山岩石覆盖，几乎没有大面积裸露的土地可以用于耕种，农田面积小而零碎。羊山地区百姓巧妙利用可以耕作的土壤，在农田的四周栽种番木瓜、黄皮、菠萝蜜等热带果树，外围则是以荔枝树为主的林网，林网环绕在农田周围，形成了一道有利的农田屏障，不仅起到防风作用，也形成了独特的农田林网景观。同时，百姓就地取材，利用火山石造田，火山岩石粗大的孔隙对农田中的有害物质具有强烈的吸附作用，不仅可以防止水土流失，对农田的净化也有着非常重要的作用。另外，遗产地古村落的房屋、道路、围墙等大多用火山石垒成，堪称一座座"石头村"。遗产地农户利用火山石修建房屋，农田、火山民居与天然林网浑然一体，古树—火山—古村落古朴宁静，村落—荔枝林带—火山梯田独具特色，形成了遗产地独特的农林石复合景观，百姓在其中安居乐业，高度体现了人与自然的和谐发展。

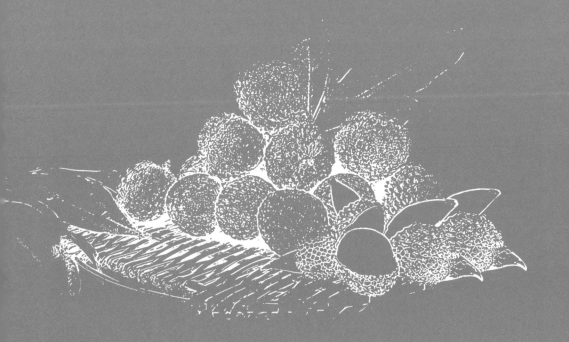

（一）独特的生态景观

1. 古树景观

（1）古荔枝树

荔枝树是一种长寿树，历经百年还能正常结果。生长于火山地区的古荔枝树，经过长期自然生长演替，有着极强的环境适应性和强大的生命力。遗产地古荔枝树主要分布于野生荔枝林中，树形高大，冠幅宽广，为林地中优势树种。因野生荔枝多以种子繁殖，为实生苗，抗逆性强，所以在高大古荔枝树周边，常见到古荔枝树种子萌发形成的野生荔枝树，部分树龄也在百年左右。此外，在遗产地农田林网内和村头巷尾，也常见高大古荔枝树的分布，让人赏心悦目。

古荔枝树（秦一心／摄）

母子荔枝树（秦一心／摄）

连理荔枝树（秦一心／摄）

　　每一株单独的古荔枝树都是一道独特的风景。这些古树形态各异、各不相同，充分展示了古荔枝树历经岁月洗礼后留给世人的沧桑遒劲之美。有的古树底部主干粗壮，上部分枝均匀，冠幅20多米，粗细相当的枝干犹如张开的巨手，向四周展开，将树冠撑起，形态优美，独木成荫，具有良好的震撼性景观效果，似一位老者以特有的成熟、稳重、慈祥的姿态立于林中，苍劲的树干上写满了岁月的风风雨雨。有的古树枝桠横卧、气宇轩昂，仿佛游龙出世，让人看罢不禁惊叹其姿态之美、姿态之奇。

　　有的古树高大挺拔，侧枝如盘虬卧龙，粗大的枝条婉转着向上延伸，遒劲有力。有的古荔枝树相伴而生，一株高大魁梧，另一株婀娜多姿，主干分隔，但枝条在空中相映成趣。犹如一对恩爱情侣，在岁月中相互扶持，共同成长。有的古树形成"母子荔枝树"景观，高大的母树盘根错节、枝条伸展，环抱着其种子萌发生长的荔枝树，犹如母子相互依偎。

（2）其他古树

　　遗产地范围内除古荔枝树外，还有很多其他百年以上古树，如村口常见的古榕树、旧时遗留下来的古野生见血封喉树、生长在林地中的古榄仁树及古重阳木等。这些古树资源作为遗产地丰富的生物资源的一部分，不仅是当地祖先留下来的宝贵物质财富，同时也是当地发展乡村旅游的重要资源。这些古树已融入当地居民的生产生活中，居民常在古树下祈福和祭拜神佛。

　　遗产地较常见的是古榕树，这些大榕树不是生长在肥田沃土中，而是扎根在以火山岩为主体的土壤中，它们的根拔石而起，形成根主干，给人一种不可撼动之感。榕树的气根一接触到地面就又会变成一根根树干，它们相互靠拢，又有一定的间距，母树连同子树，蔓衍不休，独木可以成林。

古榕树（海口市林业局／提供）

古榄仁树（海口市林业局／提供）

古见血封喉树（海口市林业局／提供）

除古榕树外，遗产地内还有被称为世界上最毒的树——见血封喉树。这些古树多为过去遗留下来的野生树种，随着村庄的扩大，逐渐形成了独木景观。其树冠多呈半圆伞形，干枝粗壮，叶幕厚重，裸根十余条，如群龙盘踞，气势刚猛。当地百姓对这种古树多为敬畏之情，因其具有很大的毒性，百姓一般都不会触碰他们，也会警告家中的小孩不要在见血封喉古树下玩耍。

除此之外，遗产地内还有野生古榄仁树与古重阳木等，这些古树均零星分布于遗产地村落附近或遗产地自然林地中，与其他村落景观及森林景观交相辉映，形成以古树为特色的人与自然和谐共处的景观（表7）。

表7　主要古树统计表

序号	古树名称	株数（棵）	平均树龄/树龄（年）	平均树高/树高（米）	平均胸径/胸径（厘米）	平均冠幅/冠幅（米）	主要分布地点	长势
1	古荔枝树							
1.1	古荔枝树	1 800	100	13	20	20	石山镇、永兴镇	良好
合计				1 800 棵				
2	其他古树							
2.1	古榕树	90	117	17	117	20	石山镇、永兴镇	良好
2.2	古见血封喉树	11	158	29	150	20	石山镇、永兴镇	良好
2.3	古重阳木	1	100	20	64	12	石山镇	良好
2.4	古榄仁树	8	109	20	93	14	石山镇、永兴镇	良好
合计				110 棵				

2. 荔枝林景观

遗产地内森林景观资源丰富，保存有大片完好的野生荔枝林，因其特殊的地理位置及地形地貌，构成了不可多见的热带火山岩地区荔枝林景观。从远处望去，成片的野生荔枝林苍劲有力，而幼龄荔枝林则如舞动中的少女般灵动。走进荔枝林深处，形态各异的古荔枝树可独木成景；而荔枝林则郁郁葱葱，幽静深邃。参天的大树，缠绕的藤萝与繁茂的花草交织在一起，宛如一座座绿色迷宫。

野生荔枝林（秦一心／摄）

受暖湿气流的滋润，荔枝林内植被茂盛，林地自然分层明显。上层为高大乔木，以荔枝为主，伴生其他热带常绿和落叶阔叶树，乔木树形高大优美，林冠层郁闭度较高，遮阳蔽日，形成优美的上层景观。中层为中小乔木及灌木，错落有致。下层由附生植物及大叶草本植物组成，就像在林地中披上了一件厚厚的绿衣，有的还开着各种艳丽的花朵，点缀在大片的绿海中。林内木质藤本植物随处可见，沿着树干、枝丫，从一棵树爬到另外一棵树，从树下爬到树顶，又从树顶倒挂下来，交错缠绕，好像一道道稠密的网。一些苔藓类及蕨类

乔－灌－草复合系统（秦一心／提供）

附生在其他乔灌木的枝干及叶片上，形成"树上生树""叶上长草"的奇妙景色。

不同的季节荔枝林会呈现出不同的季相景观，春时花遍枝头，夏时荔果萌生，秋时硕果累累，冬时郁郁葱葱。荔枝是常绿树种，3～4月开花，花为淡淡的黄色。

在荔枝树结果的季节，枝头上挂满果实，青、黄、红、绿，色彩斑斓，累累荔果随风摇曳，还有如火般红艳的凤凰花和木棉花点缀其间，景色如画，身临其境，令人流连忘返。成熟荔枝大多深红色或紫色，到夏季果实成熟时，果实生在树头，从远处看不清它壳面的构造，只有红色映入眼帘，因而把它比做"绛囊""红星""珊瑚珠"，也便有了"火珠压树红离离，五月炎炎熟荔枝"的景象。整株树以至成片的树林，构成了"飞焰欲横天""红云几万重"的绚丽景色。

荔枝树开花（吴开茂／提供）

荔枝结果（海口市农业农村局／提供）

3. 农田－林网－火山石复合景观

遗产地耕地都是由当地居民开垦传承，因受地形条件制约，农田多以小块面积分布，大片连绵的农田景观并不常见。农田的四周栽种着番木瓜及部分幼龄果树，外围则是以荔枝树为主的林网。林网环绕在农田周围，形成一道有利的农田屏障，不仅起到防风作用，也形成了独特的农田林网景观。

遗产地居民祖祖辈辈在这里繁衍生息，在生产中也养成了合理利用资源的习惯，将田中的火山岩石堆砌在田块的周边，久而久之形成围墙，这些矮的围墙自然成为了农田的边界。随着时间的推移，寄生植物在火山岩上慢慢生根发芽，点缀着绿色精灵的黑色岩石成为林地与农田之间一条条灵动的风景线。农田、火山石与林网浑然融为一体，形成了遗产地独特的农－林－石复合景观。

农－林－石复合景观（王斌／摄）

4. 古树－火山石－古村落景观

遗产地古村落主要有三种类型：带状古村落（如美梅村、雷虎村、三卿村），主要集中于河流、狭长形河谷、古代主要交通要道旁，往往以所临的道路、河道等为村落轴线，同时也作为村落的界限，村落沿着界限进行扩展；网状古村落（如昌坦村、儒料村），在带状古村落形态上发展而来，规模较大，地势平缓，地面开阔，多为梳式布局，祠堂、村庙、戏台设在村口门楼之外，占据村口独立空间，与村落关系淡化，整个村落自然天成、浑然一体，没有明显的中心，沿主要道路向纵深发展，是最主要的古村落形态；中心型古村落（如美社村），是从网状村落发展而来的变体，主要以村落中道路、村巷交叉点作为聚落中心，有的以村落中晒谷场、井庭或宗祠等村落公共活动场所为中心，具有利于组织村民的作用。

　　遗产地地处火山群遗迹，因此有大片火山熔岩分布。除了天然形成的火山遗迹和熔岩景观之外，遗产地古村落的房屋、道路、围墙等大多用火山石垒成，堪称一座座"石头村"。火山岩的形成过程造就了不同的岩石纹理，每一块岩石都有着独特的、不可复制的印记。小到利用火山岩砌成的供台、水井，大到利用火山岩搭建的房屋、修筑的牌坊，包括乡间小路、田间阡陌都随处可见火山岩的身影。这些岩石经过千百年岁月的洗礼，已经和羊山地区人民的生活融为一体，形成了羊山地区特有的火山石古村落景观。村中蜿蜒的小径串联起一座座由天然火山岩建造而成的院落，其中古朴宁静的气息让人感觉恍若隔世。

　　村中道路顺应地形地势，自然起伏、弯曲辗转。随着道路的蜿蜒，在道路的分叉处设置门楼，门楼没有方向、方位的严格要求，根据实际情况合理设置。道路围墙时高时低，建筑或背对道路，或以山墙组成街道的一部分。随形就势，流露出自然朴实的审美情趣。建筑多沿道路自然分布，大多数聚集在比较平坦、交通方便又利于垦荒造田的地方。村中从公共建筑，到民宅的门楼、围墙以及堂屋等，均由火山岩砌筑而成，火山岩墙面大小不一，但表面基本平整，

古石井（王斌／摄）　　　　　　　　　古石墙（王斌／摄）

与街道墙面的自然凹凸机理形成对比，活泼自然。

古村落具有"不到村口不见村"的特点，村落前以广场、古树为基础前景，形成开阔平远的视野。村口处常见生机勃勃的古树，古树不仅是人们的精神象征，也为居民提供了极好的纳凉、休闲之所，古树下也逐渐成为古村落中重要的社交场所，并在周围形成小广场，广场周边坐落着祠堂、庙宇、戏台等。作为村落的标志，几乎每个古村落都有用火山石垒起的石门，传说古时石门具有防御火山地区野人的作用。村门旁安置石公，世称土地公，即用火山石构筑成小石屋，内置形象的火山石公或用石头雕刻成的石公，是村庄的守护神。村中的每一棵树、每一块石头，都记

古村小巷（王斌／摄）

载着村落世代繁衍、生生不息的故事。千年的堂屋庙宇、百年的古树与年近耄耋的老人，讲述着羊山地区世代流传的文化与故事。

5. 村落－荔枝林带－火山梯田景观

遗产地生态环境优美，火山岩资源丰富，人们在这里就地取材，用火山石建起了自己的家园，与自然融为一体，一座座风貌独特的石头村成为了海口郊外的一道独特的风景。村落外围是以古荔枝树为核心的荔枝防护林带，这些林带成为保障村落的一道屏障。林带之外是在火山口下的山坡上开垦出的梯田，面积大小不一。梯田之上便是大大小小的火山口遗迹。形成村落－荔枝林带－火山梯田的空

间分布格局，整个布局科学合理，层次分明，极具地方特色。

经过漫长的岁月洗礼，荔枝树、火山石已经与遗产地居民的生活融为一体，成为世代火山人生命中不可或缺的元素，"捡火山石而居、采荔枝而食"成为了遗产地居民常见的一种生活方式。遗产地的村落多由火山岩石建成，大大小小的火山岩房屋错落有致地排列在火山石板路的两侧，各种各样的火山石生活器具，小到石碗大到石桌，一应俱全。村口常有由火山石搭建而成的水井或池塘。

村落入口（王斌／摄）

村落外围是荔枝林带，林带有宽有窄，依村落地势而分布，窄的地方十几米，宽的地方几十米甚至上百米，构成了一道天然的保护屏障。林带中分布着上百年树龄的古荔枝树，古树周围不仅有其他高大乔木，也有各种各样的小乔木及灌木，林下则是茂密的草本植物。林带中一条条从村落通往农田的阡陌小径，简陋而古朴，路边错落有致地堆放着大大小小的火山石，这些岩石不仅为林地土壤提供了大量的养分，也是寄生植物优良的栖息之所，石头上随处可见的附生植物，充分展示出人与自然和谐共存的美好画面，令人无不赞叹。

因火山口遗迹附近特殊的地质条件，可用作耕种的土地面积较少，农户只能开垦出少部分的土地作为农耕用地，"地有三尺宽，土有三寸厚"正是这里的真实写照。经过世代的开垦耕作，这里逐渐有了一些供农民生产劳作的耕地，这些耕地以梯田的形式层层叠叠地分布在火山喷发形成的山坡上，形成了遗产地特有的火山梯田。梯田因地势而开垦，田块有大有小，小的只有1～2平方米，大的则有十几平方米，其间种植了不同种类的蔬菜、粮食作物。百姓在此劳作，与身后的火山口、周边的荔枝林相映成趣，形成独特的火山梯田景观。

林间小径（王斌／摄）

火山梯田景观（王斌／摄）

在梯田之上分布着大大小小的火山口遗迹，因火山喷发形式不同，火山口分为两种类型：一种是岩浆喷发后冷却形成的无水火山口遗迹；另一种则是岩浆上升后未喷发而冷却下陷，经过岁月的累积，在火山口处形成小湖泊。这些火山遗迹是村落－林带－农田的天然屏障，滋养着附近的山林、农田与百姓。

火山口：
火山喷发后形成，有水或无水的凹陷，滋养临近山林或农田，与荔枝相映成趣。

火山梯田：
火山喷发后形成坡地，因地势而开垦，层层叠叠，极具地方特色。

农田：
多样化农作物，合理配植，生产、生活，生态有机结合。

防护林带：
古荔枝树为主，多种果树间种，多样丰富的条带景观。

村落：
多由火山岩石建成，错落有致，排列在火山石板路的两侧，各种各样的火山石生活器具，成为居民不可或缺的生活元素。

火山口景观　　火山梯田景观　　农田景观　　防护林景观　　村落景观

村落－荔枝林带－火山梯田景观特征（黄盛怡／提供）

（二）生态系统价值

1. 遗传资源与生物多样性保护

系统内保存了丰富的荔枝种质资源，如海南脆肉、无核荔、蟾蜍头（紫娘喜）、大丁香、鹅蛋荔、四月熟、小丁香等，具有极高的遗传价值。同时，很多变异性独特又具有很高商品价值的荔枝品种资源还在不断地发现中。

系统通过林果间作、林农复合等保存了丰富的农业物种资源，特别是具有地方特色的农产品如永兴黄皮、黑山羊、火山石斛等。

良好的生态环境，加上遗产地森林群落内乔灌草的层次分布，为动植物提供了理想的生存环境，各种鸟类、节肢动物、昆虫等在林内栖息，苔藓、地衣类植物寄生其间。遗产地现有国家一级保护野生动物1种，国家二级保护野生动物12种，海南特有动物3种；国家二级保护植物9种，海南特有植物40多种。

2. 土壤保持与改良

遗产地位于我国热带地区，降水量大，加上该地区火山喷发形成的火山灰土，土壤疏松，季节性台风雨极其容易引起水土流失。荔枝树干高大，枝叶繁茂，与其他树种一起形成复层林结构，通过林冠层和凋落物层截留，可有效减弱降水对地表土层的冲击和侵蚀。凋落物的过滤作用使径流中的泥沙明显减少，火山地区土壤的良好渗透性使地表径流最大限度地转变为地下径流。同时，荔枝林地下强壮且成网络的根系，与土壤牢固地盘结在一起，从而起到有效的固土作用。此外，荔枝根系深入土层，能促进土壤熟化过程，改善土壤结构。

受益于荔枝林的保护，遗产地地表径流及土壤侵蚀都很小，河流泥沙含量及有机质的流失也随之减少，水质良好。调查表明，遗产地土壤有机质、土壤全氮和速效磷含量在海南几个荔枝园区均表现最好，速效钾和全磷含量也比较靠前，全钾相对较低，表明遗产地荔枝林在土壤保持与改良方面具有一定的优势（表8）。

表8　海南主要荔枝园土壤养分状况（土壤层次0～20厘米）

单位：克／千克

地理位置	有机质	全氮	全磷	全钾	速效磷	速效钾
定安	12.90	1.04	0.92	1.21	1.13	16
通什	14.24	1.09	0.05	29.00	1.80	26
文昌	30.67	1.17	0.47	20.00	0.28	16
琼海	14.70	1.18	0.05	20.10	0.25	60
琼山	32.80	1.46	0.75	2.33	2.50	25

注：石山镇和永兴镇2002年行政区划调整之前隶属于琼山县。

3. 减弱台风危害

海南是我国台风经常登陆的地方，每次台风登陆都会对水果收成产生一定影响。遗产地的野生荔枝林与古荔枝树，很多分布在田间地头，与农田形成了较好的农田林网结构，能够显著降低风速和改变风向，保护农作物。

荔枝林凭借其高大的树干和繁茂的枝叶，能够有效降低风速，起到绿色屏障的作用。当风经过荔枝林时，一部分进入林内，由于树干和枝叶的阻挡，以及气流本身的冲撞摩擦，风力削弱，风速大减；另一部分则被迫沿林缘上升，越过林墙，由于林冠起伏不平，激起了许多旋涡，成为乱流，消耗了部分能量。有研究表明，防风林的防风距离可以达到25倍树高，5倍树高处，风速降低50%以上，10倍树高处风速降低30%左右，25倍树高处风速可以降低10%，由此推测，台风经过荔枝林网之后，风力必大为减弱，对农作物的危害将大大减轻。

此外，遗产地劳动人民长期劳动中堆砌的石墙在一定程度上可以为低矮的植被和作物起到挡风的作用。

火山石堆砌的石墙（张灿强／摄）

4．水源涵养与水量调节

石山镇马鞍岭（海拔222.2米）为海口地区海拔最高点，该地区土壤疏松，火山岩孔隙度大，透水性强；而羊山地区北边和东边存在数量众多，类型各异的大面积、多类型的湿地。雨季时，森林能集水和储水，乃至调节暴雨时的洪水；旱季时，森林释放储水，为湿地补水。同样，洪涝时湿地总能够缓冲、储蓄和吸收洪水；旱季又能够将水分释放给更需要水的地方。湿地与森林共同构成一个循环，调节雨季、旱季的水分资源不均，为用水提供保障。

5．气候调节与环境净化

遗产地成片的荔枝林作为一种特殊的下垫面，在一定程度上对周围湿度、降水、温度、风力都有着明显的调节作用，对大气候及区域性的小气候也有直接或间接的调节作用。森林具有强大的蒸散能力，其蒸散量占降水量的30%～95%，能够使周围湿度大大增加，并能在一定程度上增加水平降雨；森林庞大的冠层在地表和大气之间形成一个绿色的调温器，从而形成特有的林内小气候，并对周围温度产生很大影响。研究表明，荔枝群落冠层气温常年比林外低0.2～0.4℃，年平均相对湿度比林外高7%左右，具有显著和稳定的增加林内湿度的效应。

同时，荔枝林能够吸收空气中的污染物质如二氧化硫和氟化物、阻滞粉尘和降低噪声，产生对所有生物都有良好生理效应的"空气维生素"，即负氧离子。此外，树木能分泌出杀伤力很强的杀菌素，杀死空气中的病菌和微生物，对人类有一定保健作用。有人曾对不同环境，立方米空气中含菌量做过测定：在人群流动的公园为1 000个，街道闹市区为3万～4万个，而在林区仅有55个。

6. 物质与养分循环

荔枝树是一种多年生、寿命长的木本阔叶植物，其光合作用强、生长旺盛、生物量和储碳量大，对于改善空气质量有着显著的效果。根据光合作用方程式，生态系统每生产1克植物干物质能固定1.63克二氧化碳，释放1.20克氧气。荔枝林不仅通过光合作用将碳固定在植物体内，而且通过凋落物等将碳固定在土壤中。因此，遗产地荔枝林除了是丰富的物种宝库，还是重要的能量和物质贮存库。

荔枝群落从土壤中吸收养分，通过光合作用形成有机体，然后养分元素随死亡有机体归还到地表，并主要以有机体形态归还到土壤中去。凋落物不仅在促进森林生态系统的物质循环和养分平衡、维持土壤肥力方面有着特别重要的作用，而且是土壤养分元素的主要来源之一。凋落物的分解不仅为荔枝林的生长提供养分元素，而且为共生的其他植物、动物和微生物提供养分和能量。研究表明羊山地区野生荔枝林中氮、磷、钾养分元素含量分别为134.4千克/公顷、19.8千克/公顷、81千克/公顷，养分元素通过凋落物和根系在土壤和植物体之间进行循环，维持土壤肥力，并为生态系统内其他植物提供养分。

农田周边的火山岩石，在风化、淋溶等外力作用下，可以释放一些微量元素，并随着雨水流入田中，进而为荔枝等作物提供生长所需的微量元素。

7. 生态保障

遗产地野生荔枝群规模较大，系统完善，与当地的生态环境有机结合，对地区的物种留存、生态保护、防风减灾等方面具有明显的积极作用。

荔枝群内的荔枝本身就具有品种多样、物种丰富的特点。20世纪60年代，羊山地区野生荔枝母本群的面积达6万亩，数百年的原生荔枝树连片成林，形成了世界罕见的野生荔枝母本群，而且"几万亩几十万株，没有一株相同"。在此基础上，还选育出许多荔枝新品种，形成了功能强大的多样化生态力。

古荔枝树体高大，百年以上生的树高可达16米以上，具有保持土壤、涵养水源、净化空气等多重功效。遗产地土质疏松，降水较多，年降水量1 600毫米以上，但受益于荔枝林的保护，地表径流及土壤侵蚀都很小，水质良好，水土流失并不严重，抽样调查显示的土壤有机质和肥力指标均表现良好。

另外，海南台风多发，台风的登陆会对农业生产和人们的生命财产构成巨大威胁。遗产地荔枝林多与农田交错，成林网结构，可以凭借高大的树干和繁茂的枝叶，有效降低风速和改变风向，起到防风护田的作用。

8. 科研功能

野生荔枝生态群的独特性和唯一性使其具有极高的科学研究价值。羊山是中国荔枝原生地之一，其独特的地理、历史环境和神奇的火山地质土壤造就和蕴藏了世界上最稀奇的荔枝品种，形成了世界罕见的野生荔枝母本群，是中国乃至世界有名的荔枝种质资源库。在这里曾经选育出我国第一个无核荔枝品种——南岛无核荔枝和我国最大果形荔枝品种——大丁香荔枝王。当地特殊的火山地质土壤和当地人祖辈养成的荔枝实生繁殖习惯，加上海岛特定的光、温、热等条件，造就了遗产地荔枝生物群落。群落中植被丰富，生物多样，动物、植物、微生物之间循环演替，它们之间的相互关系，以及对环境和人类生活的影响都可以作为自然科学的研究对象。

同时，遗产地的荔枝历史和文化还具有较高的人文研究价值。海南荔枝栽培历史悠久，但见于文献却较晚，深入挖掘遗产地荔枝栽培历史，对其寻根溯源，对海南乃至中国都具有重要的历史学术价值；另外，荔枝名字的由来、长期以来形成的荔枝种植习惯等方面均具有较高的研究价值。

四

传统知识：荔枝种植技术与传统农业知识

羊山荔枝种植系统的形成经过了上千年的历程，由于系统内特殊的生产环境和农作物物种，构成了特定的农耕方式。古荔枝树的修剪、土壤管理、古树复壮、培育、病虫害防治等都独具特色。羊山人就地取材，因地制宜，利用羊山石头盖房子，减少对羊山地区生态系统的干扰。采用传统换冠技术对羊山实生荔枝林进行品种更新，最大程度减少对森林生态系统的破坏。利用荔枝林进行林下养鸡、养羊、养蜂，利用林下种养技术来控制杂草和害虫，最大程度降低病虫草害危害荔枝林。禁止乱砍滥伐杂灌林，严禁对羊山地区湿地进行破坏，有效地提高了生物多样性，提高了羊山生态系统稳定性，增强了自然灾害防御能力。

（一）荔枝品种选育与繁殖育苗

1. 荔枝品种选育

荔枝为异花授粉的树种，本身的遗传基础十分复杂，基因型为杂合型，在实生播种下容易产生多样复杂的自然变异。自然授粉后，后代由于基因重组、基因突变产生荔枝变异品种。后代通过初选、复选和决选选择优良实生变异品种。历史上栽培荔枝多以自然授粉、种子繁殖为主，变异类型多，传统的荔枝品种选育多来自实生变异单株。

羊山地区大多数荔枝主栽品种都是前人无意或有意从实生资源中选择出来的。明末清初，海南已选出相当好的品种。清道光六年（1826年），吴应逵所撰《岭南荔枝谱》将广东荔枝品种归纳为58种，是现存唯一专述岭南荔枝的书，具有较高的参考价值。海南省1961—1965年对全省主要地区实生荔枝进行了选种，选出20多个具有不同性状的实生变异单株，南岛无核荔枝、紫娘喜等具有特异性状的品种脱颖而出。

2. 荔枝繁殖育苗技术

（1）种子实生育苗

播种繁殖是荔枝繁殖最古老的方法。实生育苗法是相对简单的育苗法，但由于实生苗木长大结果后，一般难以保持原母树的优良性状，特别是很难保持果实品质的优良性状。实生苗的荔枝小树童期长，进入结果的时间迟，目前羊山地区极少采用。

（2）空中压条繁殖技术

空中压条繁殖技术是羊山地区一种传统的育苗方法。荔枝空中压条苗又称高压苗，这种育苗方法技术简单，容易操作，育苗时间短，种后结果早，在母树种源能满足的情况下适宜采用。

空中压条繁殖季节一般选择4～6月为好，此时繁育均能在当年秋季长好2～3次根，当年可下树假植或定植。

高压苗枝条的选择，首先要确定所选育的品种，其次要选择3～5年生壮果树，直径在1.5～2厘米直立或斜生伸出树冠能见到阳光的健壮无病虫害枝条为宜，总之用于高压苗的枝条应选自高产、稳产、优质，具有该品种优良性状的健壮结果母树。

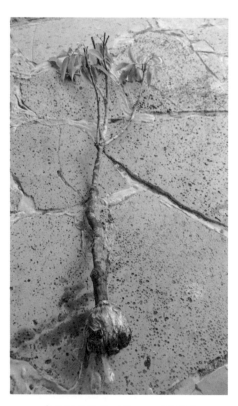

高空压条取枝（秦一心／提供）

空中压条繁育技术（秦一心／提供）

圈枝剥口包扎，在选定的枝条上用环枝刀在选定的位置上环割两刀，深达木质部，两刀之间距离3厘米左右，然后把环剥的两刀之间的皮层剥去，用5000ppm浓度吲哚丁酸涂抹切口，包扎促根基质（如地衣与含有腐殖质的细泥混合物），用塑料薄膜捆绑成梭形。一般经30～40天即可在包扎物外见到新

荔农进行空中压条（吴开茂／提供）

长出的白色嫩根，50～60天长出2～3次根，在包扎物外形成根团，此时高压苗即可割离母体成为新植株，进行假植或定植。

空中压条繁殖具有变异小，能保持母株的优良性状和特点，成苗快，进入结果期早，以及操作方法简单容易等优点。但是高压苗缺乏主根，须根发达，根系较浅，抗逆性较差，成活率低，并且缓苗期长，同时对母树损耗大，繁殖系数小。因此，对母树数量不多的优稀品种或单株不宜采用空中压条繁殖技术育苗。

(3) 嫁接繁殖育苗

嫁接繁殖是目前羊山地区主要的育苗技术。嫁接繁殖是将荔枝植株的一段枝或一个芽，嫁接到另一植株的枝干或根上，使接口愈合长成一新的植株。采用嫁接繁殖的苗称嫁接苗，用作嫁接的枝或芽称接穗或接芽，承受接穗的部分称砧木。

荔枝接穗应以一年生枝条为好，接穗母树应以丰产、稳产、质优、适应性强的青壮年结果树为佳。采集前7天，剪去接穗枝条顶部，使接穗枝条积累更多的营养。另外，选择接穗见光、芽眼饱满、枝条发育成熟、皮身光滑、没有病虫害、粗细与砧木接近的枝条剪取。荔枝接穗应以即采即用为好，接穗剪下来后，立即用修枝剪剪

荔枝嫁接（秦一心／提供）

掉叶片和部分叶柄（留少量叶柄，以免伤到芽眼）嫁接。嫁接前应准备好修枝剪、嫁接刀、薄膜、"神笔"驱虫药、毛巾等。

嫁接方法有切接、合接、劈接、腹接等，常用的方法为切接法，包括切砧木、削接穗、接合三个主要环节。嫁接过程中，切砧木、削接穗、接合的操作要快，如果动作太慢，砧木和接穗切口容易氧化，影响成活率。如果阳光太强，可用树叶遮挡嫁接苗。

（二）荔枝选地建园、栽培管理

1. 荔枝选地建园

在选地建园上，山地、平地、稻田、水边都可以栽种，荔枝栽植注意不同生态品种与园地选择，要有充足的光照和适当的面积，但不宜种在近海盐碱地，若遇土壤水分高时，注意排水防涝。

火山岩上的荔枝园（张灿强／摄）

在山地种植荔枝，为保证荔枝生长发育的生态环境条件，最好选择坡度10°以下的缓坡、低坡建园。荔枝园最好选择靠近水源的地方，附近有山塘、水库，有利于调节果园的小气候。

2. 苗木定植管理

嫁接苗首先要求生长健壮、叶片浓绿，出土部茎粗至少应在1.5厘米以上，苗高应在60厘米以上；其次最好选用2个以上优良晚熟、成熟较为一致的品种混植。在移苗栽植上能根据常绿果树和高压苗根浅短的特点，确定栽种时期和方法。荔枝用实生播种繁殖时还采用抑制主根、促发侧根的方法。

荔枝树苗（吴开茂／提供）

定植时期最好是春季（3月初至4月中旬）或秋季（9月中旬至10月下旬），定植量一般每亩18～20株（株行距7米×7米或6米×7米），最多的密植园亩植不宜超过40米，定植后要求做好肥水管理，以"少吃多餐"的施肥原则为主，同时还要注意病虫防治。

3. 施肥、修剪

施肥：荔枝进入投产结果后，随着树干、树冠、树龄和挂果量的增加，施入土壤中的各种肥料也应该增加，施肥的种类应该以磷、钾肥为主，氮肥为辅，最好用腐熟型的杂草、人畜粪、草木灰混入硫酸钾或过磷酸钙，施用效果较好。全年施4次肥。

修剪：修剪应该在夏季、秋季和冬季进行，秋季修剪最为主要。秋季修剪，在采果后及时剪掉果柄和采果时损伤的干枝、枯枝，以及处暑后抽发的晚秋梢；夏季修剪主要是控制夏季萌发的徒长枝，减少与果实争夺养分、防治落果；冬季修剪主要是剪除干枯枝、病虫枝和荫枝为主，同时调节树冠树形。

在荔枝林内安装水肥一体化设施（吴开茂／提供）

4. 栽培防护

荔枝体内贮藏营养与大小年之间有较大关系，可采取疏花疏果的方法，以克服大小年造成的影响。

荔枝的生长与结果对环境条件有一定要求，果实发育时间一般温度为24～30℃，阳光充足，水分供应均匀，十分适宜果实的发育。但如果遇到恶劣的气候则会影响果实正常发育，促进生理落果，如高温、干旱或长时间暴雨或台风，会抑制果实发育并引起裂果、落果，加速生理落果，生产上应及时做好应对措施，包括高温喷水、遮阴降温、干旱淋水，可明显减少生理落果。

5. 病虫害防治与灾害防护

遗产地病虫害种类较多，发生面积较广。历史上对永兴及邻近乡镇荔枝损害最大的是荔枝虫害。据《琼山县志》记载：1916—1917年，羊山地区发生蛴象虫害；1936—1938年，永兴地区蛴象虫害严重，荔枝减收。新中国成立后的1962—1964年，羊山地区荔枝蛴象虫蔓延成灾，1964年荔枝产量只有25.8吨。1966年，羊山地区荔枝46万株受蛴象虫害，成虫密度为50～80条／米²。1976年，蛴象虫对羊山，特别是永兴地区的荔枝树林损坏严重，使荔枝多年开花不结果。1983年2月，虫害密度为150条／米²，国家先后4次派飞机帮助灭虫。

遗产地危害荔枝的病虫害主要有荔枝霜疫霉病、荔枝炭疽病、荔枝蒂蛀虫、荔枝蛴象、荔枝卷叶蛾、荔枝小灰蝶、荔枝瘿螨、荔枝红蜘蛛等，大都集中于花期至果实成熟期。

羊山地区荔农根据长期经验采取综合防治的方法，注意选地和加强管理防病。新建果园要选择背风向阳、土质疏松、排水良好的

荔枝基地自动配药配套设施（吴开茂／提供）

地块，已建的果园要深耕培土，增施腐熟有机肥，以改善土质，并修通畦沟以确保排水良好。

给果树追肥时，要增施磷、钾肥，以提高植株抗病力，不宜偏施氮肥。在采果后至中耕施肥前，及时修剪病虫枝、重叠枝、过密枝、下垂枝、弱枝、阴枝，以增强树体通风透光性，并清除地面的病果、病叶深埋或烧毁冬季结合清园，剪除树体中下部过密枝叶。抽穗开花期遇雨，摇落附着在花穗上的水珠和残花，以防诱发病害。

（三）荔枝采收、贮运与加工利用

1. 荔枝采收

荔枝果实采收首先要关注成熟度，成熟度关系到鲜果外观、品质及耐贮运性。海南脆肉、无核荔枝在果皮转为鲜红色时采收；妃子笑荔枝的果皮1/3~1/2呈红色时即可采收，若果皮全部变红，则已经过熟，果肉风味变淡，且有纤维感。果实品质应达到该品种的固有风味，肉质甜美，可溶性固形物（糖度）符合质量技术要求。如用于鲜食，迟熟品种的果实在九成熟时采收；如用于贮运或加工，可提前在八成至八成半成熟度时采收。

关于采收时间，同一品种的采收时期依树龄、树势、结果量和果实用途而定。老树、弱树要适当提早采收，结果多的树宜分期采收，以利恢复树势，适时放出秋梢。采收宜在晴天上午露水干后或阴天进行，雨天或烈日时不宜采收。

采收方法：迟熟品种采收期较晚，恢复树势时间短。一般应实行"短枝采果"，折果枝时不带叶或尽量少带叶。相对较易萌发秋梢

即将成熟的荔枝（吴开茂／提供）

荔枝采收（吴开茂／提供）

的妃子笑品种，可视放梢时间在采果时折去"葫芦枝"，以调整梢期。采收过程中避免机械损伤。为减少摩擦损伤而变褐色，采收时应在竹筐周围垫塑料薄膜或树叶。装果后置于阴凉处，切不可在烈日下暴晒。

2. 荔枝保鲜贮运

羊山地区荔枝的包装，主要采用纸箱、塑料箱，有的农户采用竹箩包装。用纸箱、塑料箱、竹箩包装时要内衬塑料薄膜袋，提高荔枝的贮藏效果。近10年销往北京、上海、武汉等北方城市的荔枝采用泡沫箱包装，在箱内加一定比例的冰，适合较短时间的贮运。

荔枝果实采后容易变色、变质甚至腐烂。主要原因是荔枝果实呼吸旺盛；果皮含有大量的酚类物质，在氧气和氧化酶作用下促使果皮褐变；果皮薄而细胞排列疏松，容易失水而使细胞收缩变褐。

增加荔枝保鲜时间的方法有：一是要提高果品的质量。二是要适熟、适时、无伤采收，晴天在早上9时前采收，雨天不采果，按照市场要求及贮运的距离决定采收成熟度。一般以八成熟的荔枝耐藏性为最好，不应超过九成熟。轻采轻放、避免擦伤、压迫果实。三是严格选果，病果、虫果、裂果一定要剔除干净，减少菌源，避免贮运过程中出现流汁、腐烂而造成包装内的果实全部报废。四是采后迅速进行处理，协调好采收、选果、处理和包装等环节，

荔枝保鲜包装（吴开茂／提供）

尽量缩短采后果实在自然环境中的暴露时间。良好包装的采用能减少荔枝果实的失水，如具有一定保湿性能的包装，抗压强度较低的纸箱应避免过度堆叠。

3. 加工利用

荔枝早先采取的加工方法是风干和晒干，为了保持鲜艳的红色，则采取红盐法。荔枝干的制作有日晒法和热干法。日晒法是将鲜果铺于大竹筛内暴晒，待果色由红转暗红褐色后，将一空筛覆盖在果筛上翻转，然后剔除劣果和腐烂破裂果实。每天翻筛一次，待果有八成干时进行剪果，从果蒂附近剪离，当荔枝干晒至种子，并能用锤击粉碎时即制成。火焙法是先将选出的果实铺在竹筛上置烈日下预晒2~3天，使果实一部分水分蒸发，再将荔枝摊放在烘焙的棚面上。第一次烘焙24小时，每2~3小时翻动一次，然后将经烘焙的果实放入竹箩或竹囤内，下铺谷糠，上盖麻袋，回软3天，使果肉干湿均匀。最后再放入焙灶，烘至果实干透。

传统荔枝酒的制作：一是要挑选上好的荔枝，荔枝是可以带着籽粒一起酿酒的；二是荔枝要剥皮，一层荔枝，一层白糖，放入广口瓶子，六七分满就好；三是往瓶子倒入高粱酒，度数高的就会比较醇，然后封紧瓶口，放阴凉处静置浸泡3个月后就可饮用。

荔枝除果肉外，核、壳、花及皮根都可入药，由于荔枝加工后可以远途运输，大大促进了荔枝的对外贸易，使荔枝内销各地，外销各国。

（四）复合种养知识

荔枝树在成林前可与其他热带作物混交，与荔枝混种的有杨桃、龙眼、番石榴、菠萝蜜、木瓜以及各种蔬菜。多种作物混种一般在地势较为平坦、土壤层较厚的地区。随着荔枝树树冠的增大，一般选择移栽，成片栽植的荔枝林中其他树种很少，大部分分布在火山岩地区。

为充分利用空间资源，羊山地区的老百姓还在荔枝树下养鸡、羊等畜禽，形成复合种养系统，鸡粪可以肥田，成片的荔枝林为畜禽提供了自由活动的开敞空间，也可为鸡、羊等畜禽挡风庇荫。

荔枝树与其他作物混种（张灿强／摄）

（五）火山岩石利用

为增加可耕作的面积，遗产地劳动群众习惯将田中的火山岩石堆砌在田块的周边，久而久之形成围墙。这样，一是可以增加田块

火山岩石堆砌的围墙（王斌／摄）

的平坦度，更加有利于耕作；二是这些矮的围墙可自然成为农户间田块的边界。

在田块周边的火山岩隙间，还附着生长着许多植被，比较典型的有石斛、苔藓等，这些植被可以吸收火山岩石释放的微量元素，营养价值较高。

当地居民就地取材，将火山岩石作为建材，用于居民修建房屋、围墙、道路等。

（六）传统农具

羊山地区土壤大多是火山灰土与石地，传统农具也有它的特色。典型的传统农具有如下几种：

犁，有水田犁、坡地犁、拖犁三种。各有不同用途，制作上有木

木犁（海口市农业农村局／提供）

脚钻（张灿强／提供）

石臼（王斌／摄）

脚踏石臼（王斌／摄）

制和铁制。木制犁，犁身用木头制作；铁制犁用钢管弯曲制作。这两种犁头都是铁制的。拖犁具有羊山地方特色，不用牛拉，而是一个用人力拉的简单工具。

耙，呈"而"字形，除抓手横木外，全是铁制的，有11齿。分为坡地耙与水田耙，水田耙身型较小，便于操作。水田、坡地一犁、二犁后，都是用耙来平整土地、刮除杂草。

锄头，锄地用，有水田、坡地、山地锄之分，前两者较薄较宽，山地锄面较小，较厚。

脚钻，是具有羊山地方特色的山地开荒工具之一，上半部是"下"字形的木器，下半部是圆凿型的铁器，用杠杆原理撬开石头或坚硬的土地、树头与树根。

镐（十字镐），刨土用。

铁爪，有四爪的也有单爪的，四爪多用来挖牛羊栏里的厩肥，单爪弯钩细长，有如半月圆，是羊山妇女常用来挖薯与除草的特色工具。

镰刀，割稻、割草用。

砍刀（钩刀），用来砍柴、积肥、割草、开荒破荆棘。

石臼：以各种石材制造的，用以砸、捣，研磨药材、食品等的生产工具。

五

荔枝文化：农耕文明与
火山文化交融

海口羊山荔枝种植系统的传统文化非常丰富，遗产地各种不同的文化表现形式体现了羊山荔枝种植系统的深厚文化积淀。例如关于武则天喜爱荔枝的民间传说，使得荔枝拥有了不同于其他热带水果独特的贡品文化；自宋代开始，描绘羊山荔枝品质优良、口感鲜美的诗词比比皆是，更有诗人借用荔枝生长环境的恶劣和自身的遭遇感慨自己的怀才不遇；羊山百姓也将荔枝融入到自己的生活与民俗文化中，世世代代进行传承，在遗产地著名的琼剧以及石山情歌中，都能发现荔枝扮演的重要角色，表现出了荔枝对遗产地百姓的紧密关系。另外，遗产地特有的麒麟舞、祭祀、水缸文化等传统习俗以及流传的禁止砍伐荔枝等古树的乡规民约，都丰富了遗产地的荔枝文化，对荔枝文化的传承和坚守具有重要的意义。

（一）乡规民约

　　羊山地区当地居民认为死去的祖先灵魂会依附在墓地附近的古树上，因此禁止砍伐古树，随意砍伐会触犯祖宗的灵魂而遭到报应。村中长辈约定俗成：任何人违反约定砍伐树木，村中人都有教育他的权利，会用被砍伐的树枝对其进行鞭打，让他记住这一祖训不再就范。这一传统信仰体现了遗产地百姓对破坏羊山古荔枝林生态环境惩罚的决心和对古荔枝树千百年的热爱与崇拜，对保护羊山地区的古荔枝林、恢复羊山地区的自然生态系统起到了至关重要的作用。如今，百年以上的荔枝古树在羊山随处可见，不但环境宜人，且物产丰富，体现了人与自然平衡索取、持续共生的生态理念。

（二）传统信仰

　　羊山地区是遭受地震、火山喷发、台风等自然灾害相当严重的地区，又是我国新生代以来火山活动最强烈、最频繁的地区之一。几乎每个村落的村口都有用火山岩石搭建的古庙，供奉土地神、山岭神和风雨神三位神灵，种植着古荔枝树、古榕树等风水树，作为守护村落的标志，祈求村落风调雨顺、安定祥和。千百年来，老人和孩童都会在村口古树下歇息聊天，晚上村民也都相聚于此纳凉或议事。百年历史的古庙、古树与羊山独具特色的火山岩古村落融为一体，充满了历史的沧桑与神秘。如今，遗产地百姓也会自发地在村口和宅前种植不同种类的树木，如杨桃、椰树等，利用树影保持阴凉，调节小气候，塑造一些生态景观。

另外，遗产地百姓每年平安节都会聚集在村口前的古庙空地上，请法师设坛祭祖诵经，祈求平安。法师带领村民"过火山"，村民赤脚从火红的炭火上跑过，反反复复，直至炭火完全熄灭，祈求富贵

村庄祠堂（王斌／摄）

火山石神龛（王斌／摄）

平安。之后，各家各户用铁铲挑些燃尽的火炭带回家，以求避邪消灾、人丁兴旺。"过火山"这一传统民俗已经成为遗产地一项非常古老的祭祀礼仪。邻里乡亲在"过火山"的同时，嬉笑团聚，火红的木炭预示着来年红火的生活，并将相互之间的祝愿与来年的希望融入到微笑与欢腾之中。

羊山地区百姓的传统信仰不仅包括对神灵的祭拜，也包括对自然、生态资源的崇拜和坚守。先民千百年来都非常注重林木资源的保护，崇拜自然，存在"万物有灵"的观念。在开垦耕地时，祖先会注意保留一些有价值的野生树木或植被，也禁止无故砍伐村落周边的林木。羊山百姓认为荔枝等果树都有灵魂攀附，是保佑荔枝树生长、开花和结果的保护神。农历大年三十，遗产地百姓还会在荔枝树、椰子树等古树上贴上红纸作为"利市"，祈求荔枝等古树的灵魂能够常驻，按时开花结果，保佑家庭的兴旺和新年的平安。

（三）聚落文化

遗产地百姓关于居住文化的传承主要体现在古村落居住格局的坚守和村落建设中关于风水树等习俗信仰的守护中。

古村落大部分民居坐西朝东，规整排列，呈"梳式"布局。千百年来，火山石建造的古村落被遗产地百姓完好地传承了下来，百姓选择火山岩石作为建筑材料，不但取材方便，而且坚固隔热，稍作甚至不经加工就能用来搭建房屋和羊圈。房屋之间院墙低矮，甚至不设院墙，各条街巷或庭院均可相通，体现出了和睦相处的邻里关系。同时，村落中刻意营造一些公共空间，以村口坊门为中心，门前植有一棵参天古树，树下堆叠条石以供村民纳凉、休息或闲谈，门内留有空地，形成多功能的村口广场，不但是平时休息的场所，也是节日活动、聚会的舞台。这种开放的村落格局也被百姓完整地保存了下来，体现了热带气候环境与人际和谐、以人为中心的居住理念，维持了遗产地千百年的邻里团结与和谐。

遗产地古村落的每个村口承袭古时风水树的信仰，栽种着一两棵百年以上的古荔枝树守护村庄。荔枝树日夜述说着村庄千百年的故事与传说。夏天，老人在荔枝树下给孩童讲述关于荔枝的趣事与传说，村民在荔枝树下协商村寨的大事小情。古老的火山村屋融入到自然环境中，散发着拙朴的韵味，这一独有的景观记载了羊山古村岁月的沧桑。

（四）文学艺术

1. 民间传说

羊山地区拥有悠久的荔枝栽培与利用历史，流传下来了丰富的民间传说与故事。早在唐代就有了关于羊山荔枝的传说。荔枝鲜美的口感令武则天皇帝分外喜爱。传说岭南有位商人，带了琼州特产进贡给武则天，武则天女皇只吃了一颗荔枝就大笑说："此果果然清甜合口，琼州产此奇果，佳品。"一直吃到饱肚才住口。之后，武则天女皇便命人定期采购琼州的荔枝佳品入京。从此，琼州百姓开始广种荔枝，荔枝成为了进贡皇家的"贡品"，开启了荔枝独特的贡品文化之路。

2．诗文中的荔枝

由于荔枝比较奇特的际遇，和许多皇帝、倾城倾国的美人产生联系，这足以引起文人墨客的关注，于是荔枝也成为许多文人墨客歌颂的对象。其中描写羊山荔枝的词句也不占少数。纵观大量关于荔枝的文学作品，大致可以归纳出以下几个内容：a．以写荔枝寄寓官场失意的感慨，大都故作放旷之语，实际上更多的是一种自我排

有关荔枝的诗

初至崖州吃荔枝

宋　惠洪

口腹平生厌事治，上林珍果亦尝之。

天公见我流涎甚，遣向崖州吃荔枝。

荔枝并序

南宋　李光

逐客新年偶叹嗟，海南风物异中华。

溪边赤足多蛮女，门外青帘尽酒家。

庭院秋深时有燕，园林春毕已无花。

堆盘荔子如冰雪，惟此堪将北地夸。

咏荔枝

明　邱浚

世间珍果更无加，玉雪肌肤罩绛纱。

一种天然好滋味，可怜生处是天涯。

解，是身处无奈之境中的精神解脱。b. 着眼于荔枝生于远地，中原罕见，大赞其美味，也写出荔枝树林的美好景色和记载荔枝源流、品种等。例如，南宋绍兴十六年（1146年），李光被贬琼州，写下七言古诗《荔枝并序》，其中"庭院秋深时有燕，园林春毕已无花。堆盘荔子如冰雪，惟此堪将北地夸"寄托了其对羊山荔枝真切的赞赏。c. 借荔枝生于边远之地，难于为人所知，来比喻人才难得赏识，老死边荒，表现出深刻的人生慨叹。例如明代海南政治学家、文学家邱浚的《咏荔枝》中对荔枝的味美及其生长环境的偏僻也留下了著名诗句："世间珍果更无加，玉雪肌肤罩绛纱。一种天然好滋味，可怜生处是天涯。"

3. 传统歌舞艺术

羊山人的生活与荔枝密切相关，千百年来羊山百姓不仅收获了成熟的荔枝栽培管理技巧，更将荔枝与当地的特色传统歌舞文化进行了融合，创造了独具特色的羊山荔枝歌舞文化。其中，荔枝与遗产地传统文化的融合主要表现在下面三个活动中。

(1) 琼剧

琼剧是海南独特的地方剧种，迄今已有300多年历史，2007年被列入国家级第二批非物质文化遗产名录，是海南风土人情、生活方式和习俗的文化载体。出于对荔枝果品的喜爱及其坚韧不拔精神的赞美，遗产地百姓将荔枝多次引用到琼剧中，以此来表达青年男女对心上人的爱慕之情。例如《荔枝换红桃》："凭纱窗，楼前望，隔河荔枝熟满丛，此景象，真美好，水天一色相映红。忆当年，唐明皇，为求贵妃心喜欢，取荔枝……近午河沿行人稀，投掷荔枝表情痴……"生动细致地刻画了遗产地百姓将荔枝作为对心上人表达爱慕之情的信物这一美好场景。

琼剧（海口市农业农村局／提供）

石山民歌选段

（1）**赞美遗产地荔枝果肉鲜美，品质独特**

"石山荔枝盛产地，红黄青绿色青鲜；大的丁香小无仁，溶肉腊肉蜂蜜味；外地客来如云聚，愈尝荔枝味愈奇……"

（2）**表达年轻男女之间爱慕之情**

"荔枝熟了红满山，叶绿果红红满山，荔枝丁香大家夸，最红荔枝献爱人，献爱人……"

"海棠面光肚里苦，荔枝皮粗肚里甜；花言巧语侬不信，勤劳俭朴侬喜欢"。

（3）**描述荔枝丰收的喜悦**

"今年开春百花开，荔枝遍野都绽蕾，满山花果人人喜，百里远近响声雷"等歌谣。

（2）石山民歌

流传于石山镇一带特有的传统独特民歌，距今已有200多年历史，曲调优美、慷慨激昂。石山镇百姓将荔枝编入到传统的民歌中，在进行荔枝种植等农作劳动的同时，相互对唱，使人仿佛感受到遗产地独特淳朴民风，看到热火朝天的荔枝园内，劳动者正在以山歌对唱的形式倾诉自己内心的喜悦、对爱人的思念和对丰收的庆祝。

（3）麒麟舞

独具传统民俗特色的麒麟舞表演，是一种模仿麒麟形态的庆典舞蹈。羊山作为海南的人文圣地，麒麟舞已经在遗产地古村寨流传和演变的过程中渗入了本土文化，是春节、元宵、公期、婆期等盛大庆典、宗祠祭祀的一项重要文化内容，成为村民祈盼财丁兴旺、人寿年丰、子孙贤能、吉祥如意的祭祀庆典舞蹈，对传承中原文化，延续历史文脉，遗存传统习俗，活跃乡村文化，丰富百姓生活，促进人际和谐具有积极的社会意义。

麒麟舞表演（海口市农业农村局／提供）

（五）火山文化

　　羊山火山区是我国唯一处于热带地区的第四纪火山地貌地质遗迹，远古的琼北火山爆发，在这里遗留下世界上保存最完整的火山群，记录着海南源远流长的历史文化。羊山地区火山文化包括耕作文化、火山石器文化、玄武岩建造古村落文化和火山神文化等，其中火山石古村落文化为国内外罕见。

　　至今，羊山地区仍保留有一些始建于宋代的古民居，那里生态良好、环境优美、文化内涵丰富、民风纯朴。其中保存较好的有石山镇的儒豪村、三卿村、荣堂村、玉墩村、美欢村，尊谭镇的卜宅村等。

　　这些古村落被大片的荔枝林环绕其中，在村中几乎看不到一块裸露的土地。脚下是火山石铺就的村道，历经风雨沧桑，多孔的火山石几乎个个被磨得光亮。火山石屋分布在数条整齐洁净的小巷里，古巷九曲十回。村中古老的火山石村门，保护村民的火山石炮楼，幽深宏大的火山石民宅，神圣悠久的火山石古庙，庄严肃穆的牌坊石碑，都呈现着良好的原生态特征，展现着火山文化的无限魅力。

　　这里有利用玄武岩制作的各种生产与生活工具，如石磨、石轮压糖

火山石碉堡（王斌／摄）

孙中山亲笔题字的火山石牌——耆年硕德（王斌／摄）

火山石古井（王斌／摄）

辘、石臼、石盆体现着远古时期的劳动文化，记载了羊山人与石头相伴的火山脉络；这里保存着千百年来羊山人利用玄武岩建筑的古树、古门、古屋、古堡、古碑、古墓、古井、古庙，记载了先民的历史文化，承载着遗产地发展火山生态文化游、历史文化游和古城文化生态游得天独厚的自然资源和精神财富，是寄托心灵的精神家园与港湾。

受火山爆发的影响，石多水少，缺水成为百姓生存的一大考验。地表干旱，百姓只好往深处寻找生命的水源。遗产地每一口古井旁都置有石雕的"井公"神龛，下井前百姓要拜井公，祈祷井水能长流不息。下井时还必须光脚丫，不仅可以保持泉水的洁净，还可以防止意外滑倒，惊动井公。每年的农历二月初二"龙抬头"都要"禁井"，各家各户要派代表到井边神龛前，敲锣打鼓，燃放鞭炮，烧香燃烛，上贡祭拜。

淡水资源的缺乏使得百姓家家户户都备有水缸，一旦遇到下雨天，每家都把水缸抬到户外接雨水。历史上便有了结婚送水缸的民俗，并依据每户人家屋檐下水缸的多少，来判断其富裕的程度。"嫁女不嫁金，嫁女不嫁银，数数门前檐下缸，谁家缸多就成亲"。听听老人们传唱着的顺口溜就知道水对于遗产地百姓的重要意义。如果谁家盖房子或者乔迁新居，亲朋也会送来成双成对的水缸，给亲人带去一份美好的祝福。现在虽然村子里都不缺水了，但是家家户户门前摆水缸的习俗一直保留了下来。

六

动态保护：羊山荔枝
可持续发展之路

海口羊山荔枝种植系统是古代人民在利用自然、改造自然中留下的宝贵物质遗产和精神财富，具有丰富的农业生物多样性、传统知识与技术体系和独特的生态与文化景观，不仅可以为目前所倡导的生态农业、循环农业、低碳农业在思想和方法上提供有益借鉴，而且对于保护农业生物多样性与农村生态环境、彰显农业的多功能特征、传承民族文化、开展科学研究、保障食品安全等均具有重要意义。近年来，火山岩地区大量开垦土地种植果树，使得古荔枝群面积不断减少，另外在城市化发展过程中，海口城市建设越来越接近交通便利的羊山地区，这无疑会加速古荔枝群的消失，古荔枝群面积的减少将会对海口市生态环境建设造成无法挽回的损失，因此，保护古荔枝群就是保护海口城市生命线。海口羊山古荔枝群是世界宝贵的荔枝种质资源库，是海口自然历史文化发展的见证，古荔枝群的保护对研究中国荔枝文化的起源也具有重要作用。保护好荔枝的优良种质资源，不仅有利于提高羊山荔枝知名度，促进羊山休闲农业发展，也有利于区域社会经济全面发展，实现人与自然和谐共存。

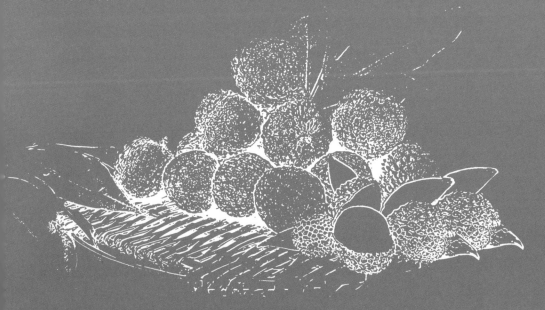

（一）机遇与挑战并存

1. 存在的主要问题

（1）产业发展受基础设施、规模等因素制约

遗产地受自然地理环境等因素限制，经济发展相对缓慢，交通条件相对落后，生产基础设施薄弱。部分山区道路不畅，开发土地种植水果受到制约。有些村庄服务设施不配套，一些村庄还存在地面脏、建筑乱、村容差的情况，整体基础设施建设水平差的状况不利于羊山地区的社会经济发展。

遗产地总体上属于丘陵地貌，林果业规模化生产受到制约。目前羊山地区宜种水果的荒地还很多，受初始投入资金不足、基础设施落后等因素影响，还有部分土地没有开发利用。尽管羊山地区已经土地确权到户，但在历史上没有经过土改，主要是继承祖辈的土地，又由于大部分土地只适宜种植果树，所以土地流转比例非常低，规模化经营受制约。

遗产地目前生产以第一产业为主，主要为荔枝、黄皮等水果生产，季节性明显。加工业刚刚起步，不成规模。经营的休闲农业项目中产品的同质化程度高，项目类型基本局限于农家乐、农作体验、棋牌、垂钓等传统农家乐项目。产业发展缺乏对当地生态资源、文化传承、科普教育等内涵的挖掘，荔枝全产业链发展有待提高。荔枝生产的产业化程度不高，新型经营主体主要以大户为主，合作社、企业发展还处于起步阶段。

（2）古荔枝树经济效益较低

一方面，由于古荔枝林并不能给农民带来直接的经济效益，农民的狭隘性以及片面地追求短期经济利益的最大化，使得一些农民

砍伐古树，获得木材收益。还有些农民将现代荔枝和黄皮嫁接到古荔枝树上，扩大水果种植面积，对古荔枝林的保护造成冲击。加上发展其他经济作物对土地的需求，使得古荔枝林保护难度加大。古荔枝树的直接经济效益较低，增加了古荔枝林保护难度。另一方面，海南国际旅游岛建设步伐不断加快，部分古荔枝林地被占用的风险加快。

（3）现代农业经营生态环境的破坏

随着农业现代化技术手段的不断出现，农民在实践中逐渐接受了农业机械、农药、良种、肥料、农膜等现代农业生产要素，用以提高土地的产出，增加收入。农业现代化为农民带来了收益的增加，但也带来了环境问题。现代农业发展越来越快，羊山地区荔枝产业也正面临农药、化肥过度施用的威胁，传统的管理方法虽然科学环保，但是远远不及使用农药和化肥见效快，方便易行。如果对现代农业的发展缺乏科学的认识和引导，将导致遗产地生态环境的恶化。

2. 主要挑战

（1）产品易受外地同类商品竞争

海口荔枝树老龄化多、产量偏低；大部分产品靠省外客商运销，极易受市场波动影响；加工能力仍处初级阶段，缺乏竞争力。此外，海口荔枝每亩平均商品果产量800千克，但由于存在大小年，产量不稳定。海口栽培的荔枝品种近90%为妃子笑，其他品种有从广东引进的白糖罂、三月红及从当地选育出来的鹅蛋荔、紫娘喜、无核大丁香等。最早上市的品种是三月红，时间在3月底至4月中旬，妃子笑上市在4月底至5月中旬。品种一般在5月下旬至6月中旬。5月是荔枝上市的高峰期，一般持续15～20天。由于同类同质的果品上市时间集中，竞争非常激烈。如果省外运销客商不及时收购，荔枝销售就会受到严重影响。

（2）农民参与遗产保护的意识不强

羊山地区农民收入水平不高，而古荔枝树本身的经济效益低，当地农民对古荔枝林生态保护意识总体不强，只顾短期经济利益砍伐树木。农民对羊山地区的农业生态系统所蕴含的生态价值、社会价值、文化价值、教育价值和科研价值知之甚少，对参与农业文化遗产保护的主动性不足。如何提高遗产地居民对遗产价值的认识、增加其对遗产系统的认知感和自豪感、增强其对遗产系统的保护意愿，也是羊山地区荔枝文化遗产保护与发展中所面临的一个挑战。

（3）遗产保护的人才、资金与土地得不到保障

海口市当地政府非常重视羊山古荔枝群的保护，但专门的古荔枝群保护管理机构尚未建立，基层遗产保护工作缺乏强有力的组织和领导，工作难以有序开展。农业文化遗产保护是一项专业技术性很强的工作，但实际上海口现有的专业技术力量非常薄弱，难以承担繁重的保护工作任务；特别是从事理论研究的人员少，缺乏对农业文化遗产保护的深入研究，保护工作难以做到科学化、规范化。同时，民间文化遗产的记录、整理、保存、保护，需要现代科技载体及先进手段的支撑，需要大量的投入。此外，遗产地的古荔枝林资源均为附近村民私产，政府不能干涉村民的农业生产活动，由于林木资源所有权缺失，管理协调仍是工作的重点和难点。

（4）外来文化对传统文化的冲击

随着海口市旅游业的发展，越来越多的外来文化开始冲击遗产地百姓传统的价值观。少数年轻人随意砍伐百年的野生荔枝林，将村中传统的火山民居拆除改建为几层的欧式洋楼。百年的古树遭到砍伐，传统火山石村落树立着一两座极其不和谐的高楼，不仅破坏了遗产地传统村落的居住格局，美好的传统文化与习俗也逐渐消逝。

3. 发展机遇

（1）农业文化遗产保护与发展受到政府高度重视

党的十八大提出要"建设优秀传统文化传承体系，弘扬中华优秀传统文化"，习近平总书记在2013年年底召开的中央农村工作会议上指出，"农耕文化是我国农业的宝贵财富，是中华文化的重要组成部分，不仅不能丢，而且要不断发扬光大"。近年来，很多与农业文化遗产保护相关的政策不断出台，有利于农业文化遗产保护工作的开展。2012年农业部开始中国重要农业文化遗产评选工作以来，我国出台了很多与农业文化遗产有关的政策。2015年12月，国务院办公厅印发的《关于推进农村一二三产业融合发展的指导意见》，2016年8月农业部联合国家发展改革委、科技部、财政部、国土资源部、环境保护部、水利部、国家林业局印发的《国家农业可持续发展试验示范区建设方案》，2016年9月农业部会同发展改革委、财政部等14部门联合印发的《关于大力发展休闲农业的指导意见》等文件都从不同侧面强调了农业文化遗产保护。同时，农业部也对农业文化遗产挖掘与保护给予了越来越多的重视，2015年8月颁发了《重要农业文化遗产管理办法》，2016年3月组织开展了全国范围内的农业文化遗产普查工作。

（2）海南国际旅游岛和全域旅游示范省建设的历史机遇

2008年3月5日，国务院原则同意海南进一步发挥经济特区优势，在旅游业对外开放和体制机制改革等方面积极探索，先行试验。海南省人民政府2008年4月25日发布《海南国际旅游岛建设行动计划》，这对于海南建设世界一流的国际性热带海岛休闲度假旅游胜地具有深远的意义，对于提高海南度假旅游品牌在国际国内市场上的竞争力有独特作用。同时，2016年海南被确定为全国首个全域旅游创建省，海南将用2～3年时间基本建成全域旅游示范省，以此推动国际旅游岛建设提质升级。国际旅游岛和全域旅游示范省的建设将给羊山地区提供了一个展示其独特资源与文化魅力的国际国内平台，积极融入到相关的建设中，既可增加羊山地区国际国内游客数量，同时也能提高当地百姓的收入。海南省正在实施的全域旅游建设有利于走出高度依赖景区点的传统观光旅游模式，有利于整体优化海南旅游环境和质量，拓展旅游发展空间，释放全岛不同地区的旅游特色资源。海南广大乡村地区旅游发展相对薄弱，海南推进全域旅游的过程，正是一个补齐区域旅游发展短板，为乡村旅游发展添新活力、新动力的过程。羊山地区丰富的古树资源，野生荔枝林、农田－林网－火山石景观、村落－荔枝林带－火山梯田等景观，将成为海南全域旅游建设的重要资源。

（3）消费转型升级对农业发展内涵的提升提出新要求

目前，我国经济社会发展处于新的历史时期。经济快速发展，2015年人均GDP已突破8 000美元，社会步入中等收入发展阶段，人们对农产品的需求不仅局限于数量供给，更注重品质和质量。尤其是随着城市生活压力增加和环境恶化，城市居民对于健康生活、绿色生态的需求愈加迫切。而羊山地区自然生态环境优越，是海口之"肺"，再加上地形地貌独特、土壤富含营养、生产方式相对传统，非常有利于生态农业发展。羊山地区可以利用消费转型的契机，大力发展并积极推广有机、绿色、无公害的热带特色农产品，不断提高农业的生产效益。同时，羊山地区地理位置优越，距离海口市区较近，具有发展休闲农业的优势。要将农业与观光旅游、健康养老、教育科普、文化等其他产业的融合，延长羊山地区农业生产的产业链、价值链，不断深化农业发展内涵，推进农业文化遗产保护工作。

（4）"互联网＋"引领产业转型升级

"互联网＋"的蓬勃发展改变了传统的生产方式和营销模式，"互联网＋"与其他产业的结合催生出许多新产业，创造了新的生产力。

海南省相对于内地市场较远，热带水果以省内鲜销和附近广东、福建等省份销售为主。随着"互联网＋"产业的发展，涌现了许多为农业服务的电商，有效整合了供需双方的资源和信息，提升了羊山地区农产品的知名度，大大拓宽了农产品销售市场，让羊山地区的农产品畅销国内和海外，为羊山地区特色农产品发展提供了更多的发展空间。自 2015 年海南首个互联网农业小镇——石山互联网农业小镇启动建设以来，海口市完成了互联网基础设施建设和镇级运营中心、村级服务中心的规划建设，搭建了电商平台，形成了线上线下产品，建立了管控体系，并于 2016 年 1 月 16 日正式运营。探索提出了"1+2+N"的互联网农业小镇新模式，初步实现了"三大改变""六大跨越"，促进了农民增收、农业增效和农村发展。

4．发展前景

海口羊山地区地域特色突出，古荔枝群多功能性明显，具有广阔的发展前景，可进一步深挖其历史与文化价值，充分发挥古荔枝群系统的最大生态、经济和社会效益。

一是形成以"火山农业"为主要特点的优势产业。大力推进荔枝的选育、栽培、加工、深加工，形成以羊山荔枝为核心的生态农产品产业链条。在加大力度建设生态产品生产基地的基础上，培育"火山＋荔枝"题材的系列生态产品，形成品牌，实践"公司＋农户""公司＋基地＋农户""公司＋合作社＋农户"、家庭农场等多种形式的生态产品生产组织模式。实现农民增收、企业获利、产业发展。

二是成为海南全域旅游的重要节点。遗产地的认定势必会对当地的旅游业发展起到正面宣传的作用，可借此契机开发以古荔枝景观为重点的特色旅游项目，并完成古民居、古建筑修缮，道路修建，公

园、基地等项目建设，打造"古树＋文化＋火山＋古民居"一体的旅
游体系。将羊山地区建成富于文化溯源、民俗风情与田园生活体验的
海口特色农业文化旅游地，成为海南省全域旅游的重要组成部分。

三是发展成为农耕文化传承的重要载体。将海口羊山古荔枝群
建成为中国荔枝种质资源保存的重要基地、荔枝文化研究基地、人
与自然和谐发展的生态教育基地、火山岩地区农业可持续发展的示
范基地，将其打造成热带地区农业文化遗产保护的样板、中华传
统文化教育基地和农业文化遗产管理的优秀试点；并通过农业文化
遗产的保护与发展带动遗产地农民增收致富、促进遗产地生态环境
保护、维系遗产地社会稳定、推动遗产地传统知识、技术和文化的
传承。

（二）保护与发展途径

根据海口羊山荔枝种植系统的保护与发展需要，确定合理的保
护与发展方案，以有效地保护遗产地以荔枝种植为特色的农业生产
系统及其生物多样性，将传统农作物品种及其相关技术最大限度地
保护起来、传承下去，为人类未来的高品质生活、多口味需求，保
留下更多的物种资源、技术资源。结合生态文明发展战略，系统
保护遗产地的农耕文化，保护与传承以荔枝为依托的传统生产方
式、民风民俗、传统文化等，建立具有地方特色的农耕文化传承
体系。

同时，将遗产保护与区域发展有机结合，通过加强农产品开发，
发展遗产地休闲农业旅游，充分发挥遗产地最大的生态、经济和社
会效益，将海口羊山荔枝种植系统建设成为荔枝栽培历史发展的科

研基地、羊山文化教育基地、人与自然和谐发展的生态教育基地、林农复合型农业文化遗产地可持续发展的示范基地，为当地百姓带来更多的利益，成为当地的福祉。

1. 保护与发展的原则

(1) 保护优先、适度利用

农业文化遗产是一种新的遗产类型，主要体现为人类长期生产、生活与大自然所达成的一种和谐与动态平衡。海口羊山荔枝种植系统蕴含着可持续发展的思想，使得该系统能够代代相传，生生不息。农业文化遗产保护与发展规划，应坚持保护优先、适度利用的原则，以实现遗产地在生态、资源、经济与社会各个层面上的可持续发展。

(2) 整体保护、协调发展

农业文化遗产是一个社会－经济－自然复合生态系统，融合生态、环境、景观、文化与技术等物质与非物质遗产特质。对海口羊山荔枝种植系统农业文化遗产进行保护需要将该复合生态系统作为一个整体进行考虑，实现整体保护；而海口羊山荔枝种植系统农业文化遗产的发展也需要将该复合生态系统作为一个整体进行考虑，以实现各子系统的协调发展。

(3) 动态保护、功能拓展

动态保护是特别针对农业文化遗产等具有动态因素的遗产类型提出的一种新的保护方式，是联合国粮农组织制定的全球重要农业文化遗产保护的战略性原则。农业文化遗产必须在发展中探索保护的渠道，动态保护的核心便是在发展中保护。海口羊山荔枝种植系统农业文化遗产是一种"活态的""多功能的"农业生产系统，应该注意在保护农业生物多样性和农业文化多样性基础上的动态保护与功能拓展，以提高系统效益和适应能力。

（4）多方参与、惠益共享

多方参与、惠益共享是农业文化遗产保护的保障原则。动态保护的前提是建立多方参与机制，确定农业文化遗产的利益相关方，明确责任和使命及动态保护中的利益，并建立惠益共享机制，以此调动各利益相关方的保护积极性和提高各利益相关方发展利益分配的公平性。海口羊山荔枝种植系统农业文化遗产的保护与发展涉及很多利益主体，需要各方积极、热情参与。

2. 农业生态保护

（1）保护目标

①遗产地野生荔枝种质资源、传统农作物品种资源、本地家畜禽品种资源和珍稀野生动植物资源不减少；遗产地古树名木得到有效保护。

②遗产地典型农业生产系统、火山湖泊、湿地和森林资源得到有效保护。

③农村生态环境质量得到进一步提升，农业面源污染得到有效控制，外来物种的生态威胁得到有效控制。

（2）保护内容

农业生态保护内容包括：遗产地的生物多样性，农林复合生态系统，火山湖泊、湿地、森林资源和农业生态环境等。

生物多样性保护：遗产地的古树资源、珍稀野生动植物资源得以保护。具体包括古荔枝树、古榕树、古榄仁树、古见血封喉树等古树资源的保护；遗产地的濒危物种和稀有物种，如海南特有的植物海南黄花梨、海南苏铁、海南灰孔雀雉等的保护；国家和省级重点保护动植物的保护。

特色农业品种资源：永兴黄皮、黑山羊、火山黑豆、火山石斛和其他地方特色农业品种。

农林复合生态系统保护：包括典型火山梯田复合生态系统、农田林网复合生态系统的保护；林－菜、林－畜牧（黑山羊）和林－果等复合经营模式的保护。

（3）保护措施与行动计划

古树资源及特色农业物种资源普查：全面清查遗产地古树资源及特色农业物种资源，建立档案。一是对遗产地古荔枝树逐株登记编号，采集图片、树龄、树高、冠幅、胸径、所在位置（GPS定位）、生长环境以及健康状态等数据信息，建立档案数据库。二是对永兴黄皮、黑山羊、火山黑豆、火山石斛等传统和特色农业物种资源进行调查，包括农作物品种、种植面积和产量、生长环境等信息，并建立农作物品种数据库，为遗产地生态产业发展提供基础数据。

野生古荔枝树（王斌／摄）　　　　　　　　合抱大树（秦一心／摄）

古树名木保护：加强对永兴镇、石山镇内已挂牌古树的保护工作，保护古树名木的生长环境；定期测定古树名木周围土壤养分状况，根据土壤养分状况决定施肥种类和数量；对生长状况欠佳的古树进行古树复壮工作，对树体不稳的植株采取加固措施。

　　遗产地生态环境定位监测：在三卿村火山梯田，对苍英村野生半野生荔枝片林和建中村古荔枝树形成的农田林网设置生态定位监测点，定位监测遗产地土壤、水资源变化情况，为生态环境的治理提供基础数据；加强遗产地外来物种、病虫害等监测，加大对大龄、已发生病害古树的保护力度。

森林资源分布图（张龙／提供）

荔枝种质资源保护：在苍英村建设野生半野生荔枝森林公园，有效保护野生和半野生荔枝种质资源；以遗产地荔枝种植系统现有的荔枝资源为依托，广泛收集各地荔枝种质资源，在建群村建设2 000亩荔枝种质资源保护基地；划定种质资源保护区（涉及建中、建群、雷虎、道堂村委会），明确保护单位和责任，落实监管保护措施，严禁各种破坏种质资源行为。

典型农林复合生态农业模式推广：在遗产地范围内推广三卿村典型的火山梯田复合生态农业模式，建中村、建群村、雷虎村典型的农

散落分布的野生荔枝树（张灿强／摄）

荔枝园内的节水喷药池（张灿强／摄）

田林网复合型生态农业发展模式，以及遗产地具有代表性的林-菜、林-畜牧（黑山羊）和林-果等复合经营模式，建立农林复合生态农业示范基地（涉及建中村、建群村、雷虎村、道堂村委会）。

农业面源污染治理：由于遗

产地土壤浅薄和疏松，水分下渗特别快，因此，必须尽可能减少化肥和农药的施用量，使用有机肥和生物农药替代，配合滴灌浇水的措施，控制面源污染，维持系统内土壤、水、大气的安全。近期可在三卿村、建中村、建群村、雷虎村、道堂村委会建立农业面源污染防治示范基地。

3．农业文化保护

（1）保护目标

①村庄风水树、传统农具、传统古村落等物质文化遗存保护完整。

②与农业生产和农业生态保护相关的传统知识、耕作技艺在遗产地得到有效传承，相关乡规民约继续发挥作用。

③传统民俗节庆活动得到有效保护和传承，乡村文化更加繁荣。

（2）保护内容

农业文化保护内容包括：物质性和非物质性农业文化遗产。

物质性农业文化遗产：a．具有一定文化内涵的古树，例如村口的风水树；b．传统农具，例如石磨、石铲、锄头、农耙、镐、锹等；c．古村落，永兴镇冯塘村、美孝村和石山镇三卿村、美社村等传统村落。

非物质性农业文化遗产：a．农事谚语；b．嫁接、高空压条和荔枝根雕技艺等传统农耕知识和技艺；c．与农业生态保护、文化保护和景观保护相关的乡规民约；d．麒麟舞、琼剧、石山情歌、公期、婆期、过火山、祭井神等传统民俗。

（3）保护措施与行动计划

具有文化内涵的风水树保护：对遗产地风水树进行逐株登记编号、采集图片，定期记录其生长状态信息，建立风水树资源档案数

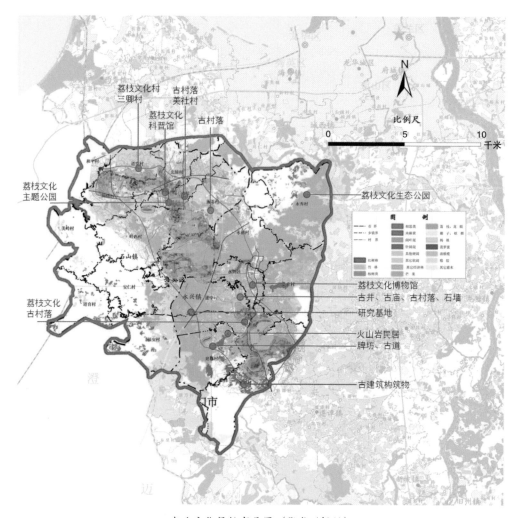

荔枝文化村
三卿村

古村落
美社村

荔枝文化
科普馆

古村落

荔枝文化
主题公园

荔枝文化生态公园

荔枝文化
古村落

荔枝文化博物馆
古井、古庙、古村落、石墙

研究基地

火山岩民居
牌坊、古道

古建筑构筑物

农业文化保护布局图 （张龙／提供）

据库；收集遗产地风水树故事，编写故事简介，制作二维码，让游客扫描二维码便可获知风水树的基本信息与传统故事；同时充分发挥祖辈关于风水树禁止砍伐乡规民约的信仰约束作用。

荔枝文化博物馆建设：一是收集荔枝、黄皮、菠萝、番石榴、木瓜、龙眼等热带作物的历史考证文献和考古发现，在博物馆内展示；二是在博物馆搭建火山石传统民居和古井模型，展示具有遗产

民间收集的石磨（王斌／摄）

地特色的传统农具，如以火山石为原料加工制作的农具、独具特色的水缸等，并配以相应文字说明；三是在馆内播放琼剧、石山情歌、公期、婆期和麒麟舞等民俗活动视频影片，制作人物模型，模拟遗产地百姓"过火山"的节日场景；四是展示遗产地荔枝产业的发展历程。

传统古村落保护：通过美化、维护古村落整体风格，恢复与荔枝林景观相协调的村落景观；将永兴镇冯塘村、美孝村和石山镇三卿村、美社村传统村落火山石墙保护与修复工作纳入文化村落保护及新农村建设体系中，聘请专业团队对倒塌、破损的火山石墙进行修复与完善；在传统古村落中选择部分火山民居进行开放性旅游观光示范，激发遗产地其他农户对古村落保护的重视；对古村落火山石牌坊、古井、古庙和祠堂等具有独特文化含义的建筑配以文字标识。

传统民俗文化保护：对琼剧、麒麟舞、石山情歌等非物质文化遗产，坚持遵守非物质文化遗产保护方式；在遗产地开展传统农耕文化普查工作，对失传或濒于失传的热带农作物种植农耕技术、火山岩地区农业生产工具、农作谚语及风水树保护乡规民约等进行挖掘、记录；在永兴镇建设农耕文化传承基地，加强农耕文化保护传承的基础设施和宣传展示条件建设；对"过火山"、荔枝木根雕等相关的民间艺人进行普查、登记和建档；在遗产地定期举办麒麟舞、公期、婆期、"过火山"等传统节庆并进行媒体报道，唤起公众对传统民俗文化保护意识；与海南大学等地方院所合作，加强传统民俗专业人才培训，培养农耕文化传承人。

传统农耕文化传承人评选： 遗产地范围内认定或评选掌握荔枝、黄皮、蜜蜂等特色农产品种植、加工与利用技艺的传承人及掌握麒麟舞、公期、婆期、"过火山"等传统习俗文化的传承人，给予政策倾斜与资金扶持，对其进行抢救性保护。

传统农耕文化宣传： 制作遗产地农耕文化宣传折页、日历、明信片、动画片，建立专题网站和微信公众号交流平台；参与农业农村部"中国重要农业文化遗产系列丛书"编写项目，整理出版《海南海口羊山荔枝种植系统》一书；联合CCTV-7等拍摄制作"海口羊山荔枝种植系统"农业文化遗产纪录片，对遗产地农耕文化进行普及和宣传。

村庄戏台（王斌／摄）

麒麟舞（海口市农业农村局／提供）

荔枝文化节（吴开茂／提供）

荔枝（热带林果）文化研究基地建设：建设中国海南荔枝（热带林果）文化研究基地，搭建科学研究平台，不定期邀请国内外知名专家围绕荔枝、黄皮、菠萝、番石榴、木瓜、龙眼等热带作物的种植历史、栽培技艺、生态保护、景观特征、文化价值和旅游发展等进行专题研讨。

4．农业景观保护

（1）保护目标

①荔枝林景观质量改善，景观结构优化，景观异质性增加，形成层次分明的林相景观与结构合理的林内景观，景观的观赏性显著增强。

②遗产地典型的火山梯田－荔枝林带－古村落复合景观得到整体性保护。

③农耕生产活动形式不断丰富，形成具有鲜明地域特色的生产景观。

④遗产地内镇容村貌整洁有序，村落垃圾集中收集，统一处理；村中无暴露垃圾、村口古井或池塘内无明显漂浮物；生活污水得到有效治理。

（2）保护内容

农业景观保护内容包括：遗产地范围内的荔枝林景观、村落－荔枝林带－火山石梯田景观、农林石复合景观、生产景观及农村环境等。

荔枝林景观：古荔枝树景观（石山镇、永兴镇）、野生荔枝林景观（道堂村、永秀村、建中村、雷虎村、建群村）、野生半野生荔枝林景观（苍英村）、荔枝经济林景观（永兴镇南部）。

村落－荔枝林带－火山石梯田景观：火山口遗址附近传统村落、荔枝林带与火山梯田相结合的特色景观（道堂村委会内自然村，如三卿村）。

农田－林网－火山石复合景观：遗产地内农田林网景观、典型农林石复合景观（建群村、建忠村、雷虎村等）。

生产景观：荔枝树的嫁接、育苗、田间管理、采收及林下经济作物种植等劳动景观（石山镇北铺村、施茶村、建新村及永兴镇南部荔枝主产区）。

农村环境：遗产地的农村生活环境和农业生产环境，涉及农村生活垃圾、生活污水、畜禽养殖、化学投入品和农业废弃物等。

（3）保护措施与行动计划

农业景观资源普查与评价：对遗产地农田、森林、古树、农业生产等景观进行普查，对农业景观资源进行系统评价，根据林业、农业、国土、旅游等部门的要求，划定农田、古树名木、森林保护区域。开展最美古荔枝林、最老古树、最美古树、最大古树、最美

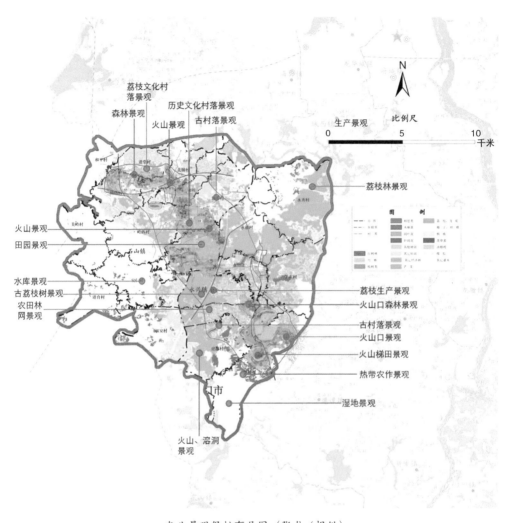

农业景观保护布局图（张龙／提供）

田园、最美乡村等评选活动。

荔枝林景观资源保护与维护：将遗产地内村落周边古荔枝风水林纳入生态公益林保护范围，对林相较差的荔枝林清理死亡树木、枝条，对林中空地选择适宜的珍贵乡土树种大苗进行补植，改造林相；对建群村、建中村、雷虎村村周组成林网的古荔枝树及遗产地范围内其他零散分布的古荔枝树进行调查与挂牌保护，禁止

荔枝园内的古井（张灿强／摄）

荔枝经济林景观（王斌／摄）

乱砍滥伐等破坏行为；加强永秀村野生半野生荔枝林保护，通过设置标志和围挡等方式，防止放牧、采伐、开荒、采石等破坏性活动。

火山梯田景观保护：对三卿村、罗京盘等地区典型火山梯田火山石埂进行加固维护，对已损坏部分进行复原修护；恢复火山梯田传统耕作模式，形成传统农业景观；进行火山梯田内生物多样性、土壤养分等基础调研工作，建立保护机制。

农田林网景观维护：合理规划农田分布，根据不同季节选种不同农作物，提高农田利用率，增加农田景观丰富度，针对林网内的古荔枝树开展调查登记、挂牌保护工作，形成数量规模化、结构合理化、布局规范化的农田林网景观。

生产生活景观布局优化：通过斑块、廊道的合理设计，规模化和多样化种植相结合，树种之间的混种、林农间作，优化儒料村、

马道（王斌／摄）

昌坦村、儒本村等村落的农业生产景观；通过适当恢复传统荔枝树的嫁接、育苗、采收技术在生产当中的应用，提升荔枝林相关劳动景观的观赏性。

重要节点景观提升：以发挥遗产地自然生态功能和保持自然景观的完整性和多样性为基础，通过地域的空间组织功能，体现景观斑块（村口广场、村中庭院、村周景观林等）的合理性和景观的可达性；在节点处充分考虑景观的连贯性和层次感，在景观设置中注入遗产地古荔枝树、古村落、火山岩石等特色地域元素，结合遗产地已有景观类型，营造"绕山而居、依林而筑、生态自然"的综合景观；合理开发利用遗产地景观资源载体功能（古荔枝树、荔枝林、农田林网、火山梯田、古村落等），从综合发展角度出发实现重要节点景观可持续发展。

农村环境治理与维护：根据群众生活需要，合理设置乡村垃圾倾倒点、转运站、垃圾池和垃圾箱，加强遗产地生活污水处理、农村垃圾分类处理、畜禽粪便处理、饮用水源保护等农村环境治理工作；持续改善遗产地农业农村生产生活环境，实现垃圾净化、环境美化、村容绿化，促进遗产地农村环境提升。

5．生态产品发展

（1）发展目标

①"三品一标"农产品认证数量有所增加，生态农产品生产比重达到80%以上，农产品质量安全稳步提高。

②基地建设取得较大发展，本地特色农产品（荔枝、黄皮、火山石斛）种植示范基地达到1.5万亩；特色畜产品养殖示范基地2个；循环农业示范基地2个；示范基地对农户的就业增收产生明显的带动作用。

丰收的荔枝（吴开茂／提供）

③培育荔枝、黄皮、火山石斛等特色农产品加工企业5家，创建农业产学研示范基地1个，农产品加工业得到较大发展，农业产业链和价值链得到延伸。

④培育3～5个具有省级以上影响力的农业品牌，当地农产品的市场竞争力和美誉度显著提高。

（2）发展内容

生态产品发展内容包括：荔枝产业、特色林果产业、特色生态农产品、示范基地、农业和农产品品牌等。

荔枝产业：包括荔枝鲜果生产、荔枝深加工、荔枝药用产业。

特色林果产业：黄皮、菠萝、番石榴、木瓜、龙眼等种植及加工利用。

特色生态农产品：火山石斛、火山黑豆、火山芝麻、黑山羊、火山蜂蜜等种养殖及加工利用。

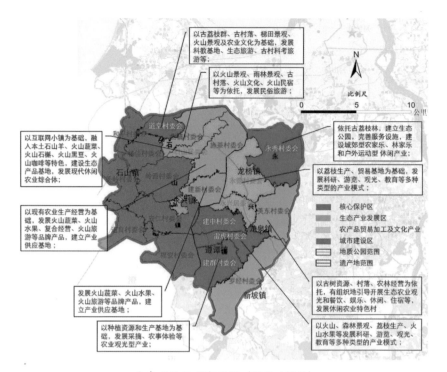

生态产品开发布局图（张龙/提供）

示范基地：包括特色农产品生产示范基地、产品加工示范基地、循环农业示范基地、农业产学研示范基地等。

农业和农产品品牌："荔枝""火山"系列品牌。

（3）发展措施与行动计划

特色农产品挖掘与培育：充分利用遗产地丰富的特色农产品种质资源，支持科研机构加强荔枝、黄皮、石山黑豆等品种选育、良种繁育、新品种试验示范和新技术推广，建设产学研基地1个；挖掘遗产地特色农产品，依托遗产地丰富的果树资源、火山特色、地域文化等，打造特色农产品，包括黄皮、火山石斛，黑山羊、火山黑豆、火山芝麻、火山蜂蜜等（表9）。

玉谭蜜荔品种审定证书（吴开茂／提供）

新球蜜荔品种审定证书（吴开茂／提供）

南岛无核荔品种审定证书（吴开茂／提供）

表9 羊山地区部分地理标志产品

年份	产品名称	所在地域	申请人全称	产品类别	登记证书编号
2017	琼海番石榴	海南	琼海市石榴专业技术协会	果品	AGI02046
2017	永兴黄皮	海南	海口市秀英区永兴镇农业服务中心	果品	AGI02047
2017	永兴荔枝	海南	海口市秀英区永兴镇农业服务中心	果品	AGI02048
2017	三亚莲雾	海南	三亚莲雾协会	果品	AGI02049
2017	多文空心菜	海南	临高县多文镇农业服务中心	蔬菜	AGI02050
2017	屯昌黑猪	海南	屯昌县养猪协会	肉类产品	AGI02051

优质农产品生产示范基地建设：提高本地荔枝等特色品种种植规模，在石山镇道堂村委会、永兴镇永秀村委会、建群村委会、建中村委会和雷虎村委会建设传统荔枝品种种植示范基地0.8万亩；建设特色农产品生产基地，加快荔枝生态产品生产基地建设步伐，建设黄皮生产示范基地0.4万亩，其他特色农产品示范基地0.3万

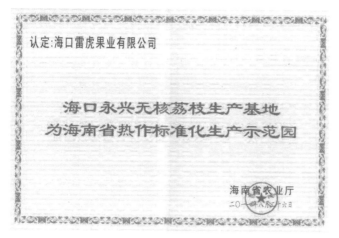

标准化生产示范园（吴开茂／提供）

永兴荔枝地理标志商标注册
（海口市农业农村局／提供）

亩，为遗产地农产品市场提供重组的资源保障；充分利用海南省生态循环农业示范省的优惠政策和重要机遇，创建循环农业示范基地2个。

石山黑豆腐（海口市农业农村局／提供）

生态农产品认证：按照不同生态农产品要求进行生产，以企业或合作社等法人为主体，进行"三品一标"农产品的认证，鼓励"永兴黄皮""火山石斛"申报国家地理标志产品；在遗产地范围内，符合标准的产品使用农业文化遗产地产品标识；支持有条件的企业、合作社开展国际有机农产品认证。

农产品加工业发展：加强荔枝系列产品开发，包括荔枝鲜果、荔枝干、荔枝酒、糖水荔枝、荔枝汁、冷冻荔枝等；加强黄皮、火山石斛等特色农产品加工及功能性食品开发；以现有的生产加工企业为基础，打造和扶持5家质量一流的省级以上农产品生产加工企业，建设1个农产品深加工示范基地，带动遗产地农产品加工业发展。

农产品品牌培育与宣介：打造以"荔枝""火山"系列产品为特色的10个市级知名品牌，培育省级知名农业品牌5个，全国知名农业品牌3个；加强品牌推介，精心策划农产品设计包装，打造遗产地农产品整体形象，以图案、卡通和广告语3个组成部分为主体，设计推出整体品牌形象，鼓励经营主体加强农产品品牌创意设计，融入荔枝文化特色和健康养生等元素，提升遗产地农业品牌形象。在地方或中央电视、广播、报纸、杂志等传媒上多层次多角度开展荔枝、黄皮特色产品宣传，积极参加各种农产品展览和宣传活动。

荔枝大比拼（吴开茂/提供）

6. 休闲农业发展

(1) 发展目标

①通过休闲农业的发展带动遗产地乡村旅游业发展，将遗产地建成文化游、生态游和田园体验游三大特色农业文化旅游地，成为海南省乡村旅游示范区，海南省全域旅游的重要节点。

②建成较完善的基础服务设施，基本建成遗产地休闲农业发展体系，实现年接待游客80万人次，提供3 000个就业岗位，综合收入5 000万元以上。

(2) 发展内容

休闲农业发展内容包括：在遗产地范围内发展文化旅游、生态旅游和田园体验游。在坚持保护为主、合理利用的前提下，扶持和挖掘一批具有市场潜力的旅游项目，形成遗产地休闲农业特色。

文化旅游：以石山镇道堂村委会（三卿村）的"火山口－梯田－村周风水林（古荔枝林）－文化古村落"及农耕文化为依托，建设以古村采风、文化溯源、科普教育等为特色的文化旅游示范区，并逐渐推广至遗产地其他文化集中分布区域，最终形成遗产地文化旅游品牌。

生态旅游：以永兴镇永秀村委会苍英村现存约1万亩荔枝片林为基础，建立生态公园，发挥生态服务功能，并逐步完善服务设施，建设为海口市具有代表性的森林公园，同时，探索森林循环利用的开发模式，逐步在遗产地推广，形成特有的以荔枝林为特色的生态旅游体系。

田园体验游：以永兴镇建中、建群、雷虎村委会现有的荔枝及热带水果种植基地，野生半野生的古树资源，发展以研学、采摘、观光、农事体验、户外运动等为主题的田园体验，并结合农家乐、林家乐、民宿等发展，满足吃、住、行、学、游、购、娱等需求，共同形成田园体验游体系（表10）。

表10　主要旅游产品系列

系　　列	产　　品
农村休闲产品系列	1. 农村景观
	2. 农事体验，如荔枝树生产技术体验等
	3. 农家乐、休闲农庄
研修教育产品系列	4. 荔枝文化博物馆、古荔枝种质资源库
文化陶冶产品系列	5. 古村落、古民居和古建筑物考察
	6. 荔枝文化、火山文化
自然山水游乐产品系列	7. 古荔枝群、田园风光等
	8. 雷琼火山地质公园
特色商品系列	9. 荔枝产品、火山文化产品
	10. 有机农产品等

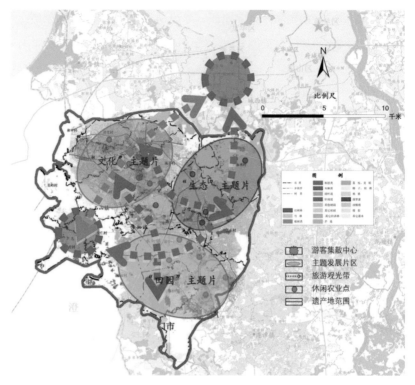

休闲农业发展布局图（张龙／提供）

（3）发展措施与行动计划

遗产地休闲农业发展布局：根据遗产地的资源分布，确定遗产地休闲农业发展"一核、两心、三片、多点"的布局。形成集农业生产、农耕体验、文化娱乐、教育展示、生态环保、产品加工销售于一体的、类型丰富多样的农业文化遗产地休闲农业发展体系。

一核：以羊山荔枝种植系统农业文化遗产地为整个休闲农业发展的核心。

两心：一是以海口市现有的旅馆、酒店、餐饮、客运等资源为基础，将其整合并打造成遗产地东北部游客集散中心；二是通过新建和整合遗产地的服务点、农家乐、林家乐、民宿等，结合秀英区美安科技新城区建设的旅馆、酒店、餐饮、客运等资源，打造遗产地西部游客集散中心。

三片：指遗产地发展文化旅游、生态旅游和田园体验游的三大主题片区。

多点：指分布于各大区域及游览线路上的景点及服务点。

遗产地景点开发与建设：

①文化景点：三卿村、美社村、施茶村、儒本村、美梅村等特色旅游村；荔枝文化博物馆（永兴居委会）；儒本村古井古庙、永兴镇宋代唐震古墓、白马梁公庙、明代西湖石坊等古建（构）筑物；荔枝文化研究基地（永兴镇）。

②生态景点：万亩野生半野生荔枝林生态公园（苍英村）；石山镇荔湾公园；荔枝种质资源保存基地（永兴镇）；黄皮科技示范基地（永兴镇）；火山口景点（双池岭、荣堂岭、玉库岭、美社岭、儒群岭、群香岭、雷虎岭、永茂岭、罗经盘等）；荔园湖泊群景点（建群村）；古荔枝树群博览园（昌坦村、儒料村）等。

③农业景点：火山梯田景点（三卿村、美社村、罗京村）；农田林网景点（美梅村、罗京村）、荔枝种植示范园（建群村）、热带农作景观（罗京村）、农耕体验园（雷虎村）等。

遗产地游览线路：

文化游览线

三卿村—石山镇—施茶村—美社村线；

荔枝博物馆—古建（构）筑物—荔枝文化研究基地等。

生态游览线

石山镇荔湾公园—三卿村古荔枝、火山梯田—双池岭、吉安岭线；

美社岭—儒群岭线；

海口市区—生态公园（苍英村）；

荔枝种质资源保存基地—黄皮科技示范基地—古荔枝树群博览园—荔园湖泊群线；

雷虎岭—罗经盘路线；

群香岭—永茂岭线等。

田园体验游览线

三卿村—石山镇—美社村线；

建群村—美梅村线；

雷虎村—罗京村线等。

遗产地休闲服务点建设：积极引导符合条件的农户利用农业与生活资源，以休闲度假和参与体验为核心，拓展多元功能，发展功能齐全、环境友好、文化浓郁的休闲农庄。大力发展以"吃羊山饭、住火山屋、摘热带果、观古荔枝林"为主要内容的农家乐、林家乐、火山民宿等。

旅游标识（王斌／提供）

①**农家乐、林家乐**：在现有的农家乐中，选出代表地方特色的经营单位（约10家）进行整改提升，加入荔枝种植系统农业文化特色，如装修风格、餐饮特色、休闲内容、标识等融入文化遗产的元素，打造一批具有荔枝种植系统农业文化特色的示范农家乐（如荔湾乳羊庄、荔湾农家乐、魁星观光园、火山村寨农家乐、开心农场等）；根据农业文化遗产地旅游景点及旅游线路的设计，新建或扶持约40家农家乐或林家乐经营单位（如三卿村、苍英村、石山镇、美社村、永兴镇、儒任村、建群村、儒本村、儒料村、昌坦村、昌甘村、美梅村、罗京村、雷虎村等）。

②**农业文化遗产主题餐厅**：在石山镇、永兴镇镇区及三卿村、儒料村、美梅村、苍英村、雷虎村等传统村落建立10家左右农业文化遗产主题餐厅。餐厅以地方特色饮食和餐饮文化为特点（如火山火锅，火山壅羊，火山咖啡等；农家菜系列；山野菜系列；药膳系列；素食系列；矿泉饮品系列等），融入荔枝种植系统农耕文化，将农业文化传播和餐饮经营融合，实现共赢发展。

③**采摘园（休闲观光果园）**：利用现有的水果种植园、种植基地、合作社等，拓展休闲服务功能，建设种植和休闲结合的采摘园（如雷虎果业荔枝种植基地、黄皮种植专业合作社、三卿生态农民专业合作社、海口火山石槲基地、永兴镇荔枝主产地等）。

④**民宿家庭旅馆**：在石山镇、永兴镇中心和美东村委会建8～10家精品民宿作为遗产地旅客接待床位的重要补充，也是当地居民参与旅游开发的一种形式。民宿家庭旅馆要按照"统一管理、分散经营"的原则进行宏观管理，应制定统一的农业文化遗产地特色民宿评定管理标准，进行规范化管理，符合要求的挂"农业文化遗产地民宿"牌子。

荔枝文化主题公园建设：在永兴镇建设以荔枝文化为主题的体验性公园。建设保留当地原始风貌，集荔枝栽培解说、荔枝文化展

荔枝采摘（海口市农业农村局／提供）

示、荔枝文化研究、荔枝精品展示、文艺演出以及鲜果品尝采摘等休闲娱乐于一体的荔枝文化主题公园，以动态保护的形式真实展现海口羊山荔枝种植系统的生产过程和文化形态，促进传统文化的传承与发展。

特色商品开发：发掘遗产地民间工艺、技术能手，开发、设计制作体现遗产地火山、热带森林和荔枝种植系统特色农耕文化旅游纪念品。

①本土特色食品：海口火山口咖啡、石山黑豆、火山蜂蜜、火山红米、火山芝麻、石山黑豆腐、火山荔枝、永兴黄皮等。

②本土工艺品：花梨工艺品、荔枝木工艺品、火山石工艺品、火山盆景、椰子工艺品等。

③火山保健用品：火山石斛、矿物香皂、矿物护肤品、磨脚石、火山健身球等。

④旅游纪念用品：文化遗产标志徽、明信片、文化遗产吉祥物玩具、文化遗产旅游旅行帽、荔枝木登山杖等。

石山互联网农业小镇旅游服务中心（王斌／摄）

⑤荔枝种植系统农耕文化科普图书：《文化遗产地景点介绍》《探索火山荔枝文化》《走进荔枝文化遗产地》等。

基础设施建设：加快遗产地的路、水、电、通讯等基础设施建设，建立明晰的路标指示、遗产地标志牌和完备的停车场。改善住宿、餐饮、娱乐、垃圾污水无害化处理等服务设施，使休闲场所和卫生条件达到公共卫生标准，实现

道路建设（王斌／摄）

垃圾净化、环境美化、村容绿化。重点完善道路系统建设，力求在规划期末实现车行道150千米、游步道50千米以上的目标。

农业文化遗产地旅游品牌建设：以遗产地荔枝种植系统农业文化遗产为核心，结合遗产地其他旅游资源，建设文化游、生态游和田园体验游三大特色旅游品牌。争取在规划期末建成2~3个农业文化遗产地旅游品牌。

（三）能力建设

1．文化自觉能力

（1）发展目标

①遗产地百姓对农业文化遗产认知显著提升，对遗产有着深厚的自豪感和认同感；遗产地居民对农业文化遗产的认知率达到70%，并主动参与到农业文化遗产的保护与发展中。

②形成良好的遗产保护氛围，各利益相关方，特别是遗产地管理者与遗产地居民能够积极主动参与遗产保护，对荔枝文化的发展前途充满信心。

③青少年文化自觉显著增强，对发展荔枝和火山文化历史责任有主动担当。

（2）发展内容

文化自觉能力的培养，着重强调政府、社区居民、农户、青少年、遗产技艺人以及媒体工作者等的能力培养，不同利益相关方能力培养的侧重点不同，包括政府的政策制定与执行能力、社区居民的认知能力、农民的理解和接受能力、青少年的传承能力、技艺人的再创造能力、媒体的宣传能力。

政府的政策制定与执行能力：制定政策合理、高效、接地气、可操作性强，相关职能部门能及时推动政策的落实与实施，并及时给予反馈和调整。

社区居民的认知能力：对传统农业文化具有甄别能力，摒弃与时代和科学不相符的糟粕，如封建迷信，对优良的传统农业文化学会欣赏和传承。

农民的理解和接受能力：能够真正了解农业文化遗产的文化内

涵，从最初的抗拒、疑惑，到逐步理解和接受，到最后积极保护传统农耕文化。

青少年的传承能力：理解并认同祖辈流传下来的农业文化遗产，并主动通过学习，将优秀的农业文化进行继承和发扬。

技艺人的再创造能力：理解并积极接受传统农耕文化，经过自身感知、体验、理解和想象进行再创造，不断形成新的艺术作品。

媒体的宣传能力：理解农业文化遗产价值，并利用多种手段、渠道进行科普宣传，让更多公众了解农业文化遗产并积极从事相关保护活动。

（3）发展措施与行动计划

编写科普教育宣传教材：通过系统梳理海口羊山荔枝种植系统的内容，挖掘其科技内涵，编写针对不同利益相关者的系列教程。

①面向遗产地荔枝种植农户，编写《荔枝栽培实用技术手册》，指导其荔枝栽培的操作及注意事项。聘请专家不定期对荔枝种植户进行科技培训，保障荔枝树的健康生长以及荔枝品质的优良，培养当地百姓对荔枝的深厚感情和文化自豪感与归属感。

②面向海口市区、秀英区、石山镇和永兴镇的海口羊山荔枝种植系统保护工作相关参与单位，编写《海口羊山荔枝种植系统保护与管理工作指导手册》，提高遗产地政府管理人员保护"海口羊山荔枝种植系统"的意识。

③面向遗产地青少年，将"海口羊山荔枝种植系统"编入小学和初中的九年制义务教育阅读教材中；在学校的展览室或者橱窗以及

联合国粮农组织专家调研羊山荔枝栽培系统
（海口市农业农村局／提供）

入学教育中融入农业文化遗产的相关内容，提高遗产地青少年对家乡荔枝种植系统的自豪感与保护农业文化遗产保护的参与积极性。

青少年义务教育实践基地建设：在秀英区石山镇三卿村，建立青少年义务教育实践基地。通过对中小学课堂提供课外社会实践教育基地，定期组织青少年到三卿村的荔枝林和火山梯田中进行农事体验，与学校的传统文化教育活动、生物课综合实践活动等相结合，让孩子真正接触到家乡的农业文化遗产，了解遗产系统中荔枝树的生长，感受遗产地例如麒麟舞、石山情歌等传统民俗文化的魅力，使青少年从小建立起与家乡遗产的深厚感情。

营造农业文化遗产保护与发展氛围：邀请知名卫视或电视台，拍摄海口羊山荔枝种植系统影视作品，生动展示遗产地人们的生活与故事；制作遗产地旅游宣传手册、台历与贴纸，设计荔枝形象的卡通玩偶或者冰箱贴等精美产品，设计制作以火山石为原材料的系列工艺品，宣传遗产地火山文化，扩大对系统的宣传力度；利用报纸、广播、电视等传统媒体对系统的基本信息及申遗历程进行普及和配套宣传，同时发挥新兴媒体作用，建立公共宣传平台，运用形式活泼、贴近生活的内容宣传推广羊山荔枝种植系统，创造有利于农业文化遗产保护与发展的氛围。

遗产保护观念的宣传和教育：加强对遗产地永兴镇、石山镇居民乡村景观价值、生态价值、文化价值的宣传和教育，使其认识到生态保护、文化保护、景观保护在改善遗产地生活环境、保护生态环境、增加农业收入方面的重要作用；通过定期宣传、培训、印制环保知识小册子、举办农遗问答知识竞赛和制作精美明信片等方式树立村民的环保意识和文化保护自觉性。

参加和举办农业文化遗产相关活动：通过举办海口羊山荔枝种植系统农业文化遗产保护相关学术活动，深入挖掘系统自身的生态、历史、文化、民俗等多重价值与多样文化；在永兴镇继续坚持举办每年一届的"荔枝文化节"和荔枝王大比拼活动；征集羊山荔枝种植系统相关的摄影作品、散文诗词等，举办荔枝摄影展、荔枝征文比赛，鼓励相关团体如诗社和摄影协会等创作和拍摄与羊山荔枝种植系统有关的散文、诗歌、小说、摄影作品，提高社会各界对羊山荔枝种植系统的关注度。

充分发挥农村返乡群体的桥梁作用：加强优秀农村返乡知识青年、干部的培养。他们对羊山荔枝种植系统的文化传承和产业发展具有重要的推动作用，是发掘农村文化建设和发展产业经济最珍贵的内部动力。同时在外出务工群体返乡期间加强对系统的宣传，正确引导其对系统外延与内涵的理解，促使其积极投入到农业文化遗产保护和建设的队伍中，塑造与遗产地文化相契合的地域精神，增强其文化认同和文化使命。

评选农业文化遗产保护与发展示范户：对于遗产地内多年专注进行羊山古荔枝树栽培和保护的企业，海口市政府可将其认定为农业文化遗产保护与发展的示范户，免费提供相关农业文化遗产宣传材料在其企业进行宣传与推广，并优先选派、资助其参加海南及其他地区组织召开的农业文化遗产保护论坛和交流会议。在遗产地内荔枝种植示范户产品已通过相关安全认证的基础上，可以优先免费使用农业文化遗产标识。通过当地政府的鼓励及遗产地荔枝种植示范户带动，建立羊山荔枝种植系统保护成功的活态宣传与成功案例展示。

2．经营管理能力

（1）发展目标
①多部门协作机制和多方参与机制基本建立。
②遗产地政府、企业和农民对农业文化遗产的经营管理能力明显提升。

③各利益相关方决策参与意识、决策参与能力显著提高。

（2）发展内容

文化自觉能力：包括政府的服务能力、社会团体和企业的带动能力、科技人员的技术推广能力、农民的生产管理能力。

政府的服务能力：包括政府的宏观统筹能力，公共物品的供给和保障能力，荔枝群保护过程中的协调能力，规划执行过程中的监管能力。

社会团体和企业的带动能力：主要是指强化荔枝协会、合作社、龙头企业在遗产地保护和开发过程中所能发挥的引导生产、带动增收、提高遗产地保护意识、促进农产品标准化和品牌建设的能力。

科技人员的技术推广能力：主要提升技术人员的推广应用能力（荔枝品种选育技术、林下养殖技术、农林复合技术、林果间作技术、病虫害防治技术、产品加工储运技术的推广应用能力）、指导服务能力、集成创新能力。

农民的生产管理能力：包括丰富农民的经营手段和提升农民的荔枝栽培选育能力、防灾防害能力（台风和病虫害）、新技术应用能力、对市场的预判能力。

专家培训（黄盛怡／摄）

开展技术培训（吴开茂／提供）

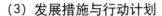

（3）发展措施与行动计划

加强学习、培训与交流：

一是加强政府工作人员对《中华人民共和国非物质文化遗产法》《国务院关于推进海南国际旅游岛建设发展的若干意见》《海南国际旅游岛建设发展规划纲要》《海南省创建国家全域旅游示范区工作导则》等文件的学习，提高管理者对农业文化遗产保护和发展方针的整体把握与认识；

二是定期举办荔枝传统技艺、荔枝文化保护和产业发展的专业培训班和研讨会；邀请农史、民俗、生态和农技等各方面专业人士，分别对遗产地管理者和农户进行培训，传授荔枝选育、栽培和病虫害防治技术；

三是提高遗产地特别是核心保护区道堂村、永秀村、建中村、雷虎村和建群村农民的科学素质，培养懂技术、懂市场、能决策的荔枝及相关产业复合型人才；

四是围绕休闲农业产业发展要求，分类、分层开展休闲农业管理和服务人员培训，提高从业人员素质；

五是组织农业文化遗产管理人员和农民代表积极参加农业文化遗产相关会议，学习不同地区农业文化遗产保护和发展的先进理念和成功经验，并结合实际情况应用到海口羊山荔枝种植系统农业文化遗产保护与发展中。

加强科技支持与指导：

一是加强遗产地龙头企业、农户与海南大学、中国热带农业科学院等本地科研院所以及中国科学院、中国农业科学院等知名科研院所的合作，促进高校、科研院所对遗产地企业、农户的技术支持和科学指导；引导科研教学单位创新、集成和推广农业技术成果，保证每年至少1项技术得到推广；

二是建立科技结对帮扶项目，例如中国热带农业科学院针对永

科研人员开展调查（黄盛怡／摄）

专家调研（黄盛怡／提供）

兴镇进行的一对一科技扶持，海南大学针对石山镇开展结对技术支撑，保障了遗产地荔枝种植产业的发展拥有最便捷的技术支持渠道；

三是通过与高校和科研院所搭建产学研合作平台，在永兴镇建立优质荔枝品种选育技术研究中心，打造一个高品质荔枝种植示范基地，增强遗产地企业的创新意识和创新能力，推动农业科技成果向现实生产力转化。

培育产业经营主体：促进技术创新和服务平台建设，加大对科研机构和行业协会、学会、龙头企业等社团组织技术创新的投入力度；鼓励并支持永兴镇和石山镇荔枝等热带作物种植专业大户、家庭农场、农民合作社、农业产业化龙头企业等新型农业经营主体参与海口羊山荔枝种植系统的保护与发展；重点支持大户改造工艺、成果转化、节能减排、营销渠道、品牌、服务体系建设。

创新产业组织模式：鼓励农民和合作社积极参与产业发展，通过产业链延伸，建立与当地百姓共赢机制，形成"公司＋农户""公司＋基地＋农户""公司＋合作社＋农户"、家庭农场等多种形态的经营模式，实现"产供销一条龙，贸工农一体化"。鼓励个体农户以家庭农场的形式进行土地等资源的整合，并配合企业形成生产加工链条。鼓励部分成规模的单纯加工型企业建设自己的生产基地，以保证农产品质量、拓宽品牌市场。

推动"互联网＋"深度融合现代生态农业：在遗产地范围内推广石山镇"互联网＋"农业小镇运营模式，推动遗产地传统农村生产生活方式的改造升级，并通过发展电子商务盘活当地农业等产业资源，加快帮扶农民致富；加大产销直供力度，推进合作社与超市、学校、企业、社区对接，推广"田头市场＋电商企业＋城市终端配送"等营销模式；支持农业龙头企业、农民专业合作社及农户按照农产品准入标准实行标准化生产，实行产品质量等级化、包装规格化、产品品牌化。顺应互联网、物联网和手机等新兴媒体发展趋势，尽快融入现有互联网小镇、智慧农业体系，拓展信息终端，加快信息服务体系建设。

附录 | 海南海口羊山荔枝种植系统

附录1　大事记

大约2 000年前，羊山地区就有荔枝栽培。

1071年，南渡江出海口称海口浦，海口之名自此始。

1112年，北宋诗僧惠洪创作的《初至崖州吃荔枝》曰："天公见我流涎甚，遣向崖州吃荔枝。"

南宋，庄季裕《鸡肋编》中描述"海南有无核荔枝一株"，表明在南宋时期就有了无核荔枝这一珍贵的荔枝品种。

南宋，周去非在《岭外代答》中关于"海南荔子，可比闽中"的评论，是对海南荔枝品质的由衷肯定。

明朝正统年间（1436—1449年），琼山诗人邢宥在诗中提到"匝花海上琼芝秀，含液枝头锦荔嘉"。

明朝，邱浚的《咏荔枝》诗："世间珍果更无加，玉雪肌肤罩绛纱。一种天然好滋味，可怜生处是天涯"，描述的就是海南荔枝的美味。

明朝正德六年（1511年），唐胄在其《琼台志》中有了对海南荔枝较为详细的记载。

1690年，清代屈大均撰写《广东新语》，详细描述了海南人采荔枝的精湛技术。

1826年，吴应逵的《岭南荔枝谱》将广东荔枝品种归纳为58种，是现存唯一专述岭南荔枝的书，具有较高的参考价值。

1916—1917年，据《琼山县志》记，羊山地区发生蝽象虫害。

1936—1938年，永兴地区蝽象虫害严重，荔枝减收。

1949年，后海南荔枝得到了迅速的发展，全岛18个县市均有荔枝分布。

1961—1965年，海南省对全省实生荔枝进行了选种，选出20多个具有不同性状的实生变异单株，南岛无核荔枝、紫娘喜等具有特异性状的品种脱颖而出。

1966年，羊山地区荔枝46万株遭受蝽象虫害。

1976年，蝽象虫对羊山，特别是永兴地区的荔枝树林损坏严重。

1994年6月26日，我国首家"菜篮子"股份制企业、全市最大的肉禽蛋奶生产基地——海口农工贸（罗牛山）股份有限公司创立。

1997年，海南农民王廷标利用37株海南荔枝优稀母树，成功选育出无核荔枝。

1999年，《琼山县志》记载：永兴镇有荔枝面积2万余亩，产量约7 500吨，产量最多，质量最佳，属海南省之最。

2008年6月，第二届海口市秀英区永兴红荔枝文化节在永兴镇举行，永兴镇永德村委会农民王保杰荣获"荔枝王"。

2009年，海口市永兴野生荔枝原生境保护区被列入中央新增投资项目。

2011年5月25日，第九届中国荔枝龙眼交易会暨首届海南红明荔枝文化节在海口市开幕。

2011年5月31日，"海口市2011年荔枝技术研讨会"在琼山区荔枝龙眼科普示范基地召开。

2011年6月19日，海口市第一届永兴荔枝文化节在海口市秀英区永兴镇举行。

2012年5月，海口市第二届荔枝文化节在海口市三门坡镇举行。

2013年5月，海口市第三届荔枝文化节在海口市三门坡镇举行。

2014年5月，海口市第四届荔枝文化节在海口市三门坡镇举行。

2014年6月10日，海口市科工信局，海口市秀英区政府联合主办了"永兴荔枝推介会"暨"我为永兴荔枝做代言"电子农务大比拼活动。

2015年5月，第十三届中国（海南）荔枝龙眼交易会暨海口市第五届荔枝节在海口市琼山区三门坡镇举行。

2015年3月，"永兴荔枝"获得国家工商行政管理总局商标局颁发的地理标志证明商标证书。

2015年7月21日，海口市秀英区农林局批复划定"永兴荔枝"农产品地理标志地域保护范围。

2016年5月10日，联合国粮农组织和全球重要农业文化遗产（GIAHS）项目指导委员会委员、中国办公室主任闵庆文教授受海南省农业厅邀请对海口羊山地区野生荔枝群生态系统实地调研和座谈。

2016年9月7日，"永兴荔枝"入选2016年海口市十大农业品牌。

2016年11月30日，秀英区在永兴镇举办荔枝控梢技术培训班。

2017年1月，永兴荔枝获得农业部农产品地理标志登记证书。

2017年2月，海口市农业局发布海口羊山古荔枝群农业文化遗产保护与发展规划。

2017年5月20日，海口市第七届荔枝交易会暨第一届七彩气球荔枝嘉年华活动在琼山区三门坡镇开幕。

2017年6月3日，海口举行第十届火山荔枝王大比拼活动。

2017年6月28日，海南海口羊山荔枝种植系统被农村部批准为第四批中国重要农业文化遗产。

2017年11月24日，联合国粮农组织官员伊丽莎白女士一行四人，实地考察了海口羊山荔枝种植系统，对申报全球重要农业文化遗产进行可行性调研。

2018年3月20日，永兴荔枝2018年销售渠道对接会在永兴电商扶贫中心举行，同时将电商扶贫中心升级建立永兴荔枝电商集散中心。

2018年4月15日，以"遍邀东西南北商、共啖海南荔枝鲜"为主题的2018中国荔枝海南发布会暨海口荔枝电商扶贫推介会在海口举行。

2018年5月5日,海口正式成立荔枝(农产品)加工企业联盟。

2018年5月6日,海口以"质量统一""物流统一""价格统一""包装统一"四个统一理念,着力打造"海口火山荔枝"品牌。

2018年5月13日,"火山荔枝·绽放芳华"海口火山荔枝月活动在琼山区三门坡镇红明广场起航。

2018年5月19日,海南荔枝促销大会在北京全国农业展览馆海南热带品牌农产品展销馆举办。

2018年6月2日,"万年火山·给'荔'表白"——2018年海口火山荔枝农旅嘉年华活动在火山口公园启动,拉开了海口火山荔枝主题采摘游的序幕。

2018年6月9日,"2018海口火山荔枝月——绽放的荔枝王"活动在永兴镇电商扶贫中心顺利举办。

2018年6月16日,海口首届新坡野生荔枝文化节在龙华区新坡镇仁里村开幕。

2019年4月13日,第二届海口火山荔枝月暨首届火山石斛节开幕,海口火山荔枝被国家市场监督管理总局授予国家地理标志证明商标。

2019年4月22日,海口市人民政府关于印发《"海南海口羊山荔枝种植系统"农业文化遗产管理暂行办法》。

2019年4月26日,"海口火山荔枝"地理标志证明商标保护专项活动在海口市民游客中心举行。

2019年4月27日,海口市组织火山荔枝等名优农产品亮相第十届中国国际现代农业博览会。

2019年5月15日,"聚划算卖空海口火山荔枝原产地战略发布会"在海口市琼山区三门坡镇召开,活动由海口市农业农村局与阿里巴

巴集团联合主办。

2019年5月15日，海口火山荔枝采摘挑战吉尼斯世界记录在琼山区三门坡镇举行。

2019年9月，永兴荔枝特色产业小镇入选《海口市乡村产业振兴专项规划》。

附录2	旅游资讯

（一）旅游路线

路线1：滨海大道—粤海大道—绿色长廊—火山口公园；

路线2：南海大道—绿色长廊（接南海大道长流4号公路路口处）—火山口公园。

（二）主要景点介绍

1. 雷琼海口火山群世界地质公园

雷琼海口火山群世界地质公园位于海口市西南石山镇，距市区仅15千米，西线高速公路转绿色长廊可达，绕城高速公路穿过园区。属地堑—裂谷型基性火山活动地质遗迹，也是中国为数不多的全新世（距今1万年）火山喷发活动的休眠火山群之一，具有极高的科考、科研、科普和旅游观赏价值。4A级景区，世界地质公园，国家地质公园。地质遗迹主体为40座火山构成的第四纪火山群。火山类型齐全、多样，几乎涵盖了玄武质火山喷发的各类火山，既有岩浆喷发而成的碎屑锥、熔岩锥、混合锥，又有岩浆与地下水相互作用形成的玛珥火山。

2. 海口誉城9号休闲农庄

海口誉城9号休闲农庄地处国家地质公园海口火山群的火山口大道与椰海大道交汇处,占地120亩。园区内绿化覆盖率达80%。以环保实用风格为装修主题,让消费主题有一种真正从高楼林立的城市回归到古朴农村的感受,但又不缺用心关怀般的优质服务。农庄以农家休闲为消费主题,涵盖客房、中餐、棋牌、咖啡、茶艺、垂钓、鱼疗、自行车、电瓶车、儿童乐园等休闲内容。园区内用农家肥种菜地,五谷杂粮的家禽饲养,泉水鱼在自然环境中生长,让休闲主体直接融入到食物链的各个环节。

3. 永兴镇建群村委会美梅村

美梅村位于永兴墟西南方约5千米,距离海榆224国道3千米左右,是具有300多年历史的老村庄。全村共有138户,582人,土地总面积为2 500亩,美梅村地处羊山腹地,坐落偏僻,但村庄生态环境优良,民风淳朴,邻里和睦。主要经济收入来源以种植业为主,美梅村历史悠久,许多老树古树极为壮观,百年以上古树4株,自然形成各种形状不一的奇观,火山石村门,火山石炮楼,一列九进石屋吴家大宅、见血封喉树、随处可见的大榕树、石匾牌坊、古官道、马道、古庙、野生荔枝园等;村东南面300米处立有一个由民国总统孙中山亲笔题词"耆年硕德"的牌坊,是大内总管陈炯明立于民国十一年(1922年),该牌坊是村民发起,由当时琼山县县长吴帮安上书总统府获孙中山亲笔题颂后,为歌颂寿民吴汝功而建造的,该牌坊是海南仅存的保存最完整的民国时期石牌坊,意于教育子孙要尊敬老人、老人功德至上，要人们注重道德教育，该牌坊现已被海南旅游局、琼山博物馆等列为保护对象。

4. 石山镇美贯村

美贯村位于火山口西部，石山镇西南部。全村共186户，1 063人，总耕地面积约881亩。美贯村是一座古村，村里至今遗留不少古迹，如"魁星楼""槐门""公庙"等，阅尽人间沧桑，见证了美贯村的古往今来。在美贯村文化广场的一侧，古色古香、雕刻精良的石拱建筑"魁星楼"静立。"魁星楼"始建于清咸丰十年（1860年）春，楼下出入口处，底下有一块长方形的大石板，上面凿着七个小坑，那是鲜为人知的北斗七星。七颗星排列不规则，但喻示着为美贯人外出求学、求官、求财、谋生指引方向，免得迷途难返。"魁星楼"的背面是"槐门"，"槐门"印证了美贯村的祖先是宋代从福建王氏"三槐堂"迁徙而来的历史。"槐门"两侧，一侧供奉着"石敢当"，一侧供奉着"土地公"，反映了石山地区人民对石头、土地的敬畏、崇拜之情。坐落在村中央的孔庙，现称学堂，始建于明代嘉靖四年（1525年），为美贯村培养了一代又一代文化人才。

附录3　全球／中国重要农业文化遗产名录

1. 全球重要农业文化遗产

2002年，联合国粮食及农业组织（FAO）发起了全球重要农业文化遗产（Globally Important Agricultural Heritage Systems, GIAHS）保护倡议，旨在建立全球重要农业文化遗产及其有关的景观、生物多样性、知识和文化保护体系，并在世界范围内得到认可与保护，使之成为可持续管理的基础。

按照FAO的定义，GIAHS是"农村与其所处环境长期协同进化和动态适应下所形成的独特的土地利用系统和农业景观，这些系统与景观具有丰富的生物多样性，而且可以支撑当地社会经济与文化发展的需要，有利于促进区域可持续发展。"

截至2020年4月，FAO共认定59项全球重要农业文化遗产，分布在22个国家，其中中国15项。

全球重要农业文化遗产（59项）

序号	区域	国家	系统名称	FAO 批准年份
1	亚洲（9国、40项）	中国（15项）	中国浙江青田稻鱼共生系统 Qingtian Rice-fish Culture System, China	2005
2			中国云南红河哈尼稻作梯田系统 Honghe Hani Rice Terraces System, China	2010

（续）

序号	区域	国家	系统名称	FAO 批准年份
3	亚洲（9国、40项）	中国（15项）	中国江西万年稻作文化系统 Wannian Traditional Rice Culture System, China	2010
4			中国贵州从江侗乡稻鱼鸭系统 Congjiang Dong's Rice-fish-duck System, China	2011
5			中国云南普洱古茶园与茶文化系统 Pu'er Traditional Tea Agrosystem, China	2012
6			中国内蒙古敖汉旱作农业系统 Aohan Dryland Farming System, China	2012
7			中国河北宣化城市传统葡萄园 Urban Agricultural Heritage of Xuanhua Grape Gardens, China	2013
8			中国浙江绍兴会稽山古香榧群 Shaoxing Kuajishan Ancient Chinese Torreya, China	2013
9			中国陕西佳县古枣园 Jiaxian Traditional Chinese Date Gardens, China	2014
10			中国福建福州茉莉花与茶文化系统 Fuzhou Jasmine and Tea Culture System, China	2014
11			中国江苏兴化垛田传统农业系统 Xinghua Duotian Agrosystem, China	2014
12			中国甘肃迭部扎尕那农林牧复合系统 Diebu Zhagana Agriculture-forestry-animal Husbandry Composite System, China	2017
13			中国浙江湖州桑基鱼塘系统 Huzhou Mulberry-dyke and Fish-pond System, China	2017
14			中国南方山地稻作梯田系统 Rice Terraces System in Southern Mountainous and Hilly Areas, China	2018

（续）

序号	区域	国家	系统名称	FAO 批准年份
15		中国 （15 项）	中国山东夏津黄河故道古桑树群 Traditional Mulberry System in Xiajin's Ancient Yellow River Course, China	2018
16		菲律宾 （1 项）	菲律宾伊富高稻作梯田系统 Ifugao Rice Terraces, Philippines	2005
17			印度藏红花农业系统 Saffron Heritage of Kashmir, India	2011
18		印度 （3 项）	印度科拉普特传统农业系统 Koraput Traditional Agriculture Systems, India	2012
19			印度喀拉拉邦库塔纳德海平面下农耕文化系统 Kuttanad Below Sea Level Farming System, India	2013
20	亚洲（9 国、 40 项）		日本金泽能登半岛山地与沿海乡村景观 Noto's Satoyama and Satoumi, Japan	2011
21			日本新潟佐渡岛稻田－朱鹮共生系统 Sado's Satoyama in Harmony with Japanese Crested Ibis, Japan	2011
22			日本静冈传统茶－草复合系统 Traditional Tea-grass Integrated System in Shizuoka, Japan	2013
23		日本 （11 项）	日本大分国东半岛林－农－渔复合系统 Kunisaki Peninsula Usa Integrated Forestry, Agriculture and Fisheries System, Japan	2013
24			日本熊本阿苏可持续草原农业系统 Managing Aso Grasslands for Sustainable Agriculture, Japan	2013
25			日本岐阜长良川香鱼养殖系统 The Ayu of Nagara River System, Japan	2015

（续）

序号	区域	国家	系统名称	FAO 批准年份
26	亚洲（9国、40项）	日本（11项）	日本宫崎高千穗－椎叶山山地农林复合系统 Takachihogo-shiibayama Mountainous Agriculture and Forestry System, Japan	2015
27			日本和歌山南部－田边梅子生产系统 Minabe-Tanabe Ume System, Japan	2015
28			日本宫城尾崎基于传统水资源管理的可持续农业系统 Osaki Kôdo's Sustainable Agriculture System Based on Traditional Water Management, Japan	2018
29			日本德岛 Nisi-Awa 地域山地陡坡农作系统 Nishi-Awa Steep Slope Land Agriculture System, Japan	2018
30			日本静冈传统山葵种植系统 Traditional Wasabi Cultivation in Shizuoka, Japan	2018
31		韩国（4项）	韩国济州岛石墙农业系统 Jeju Batdam Agricultural System, Korea	2014
32			韩国青山岛板石梯田农作系统 Traditional Gudeuljang Irrigated Rice Terraces in Cheongsando, Korea	2014
33			韩国花开传统河东茶农业系统 Traditional Hadong Tea Agrosystem in Hwagae-myeon, Korea	2017
34			韩国锦山传统人参种植系统 Geumsan Traditional Ginseng Agricultural System, Korea	2018
35		斯里兰卡（1项）	斯里兰卡干旱地区梯级池塘－村庄系统 The Cascaded Tank-village Systems in the Dry Zone of Sri Lanka	2017

（续）

序号	区域	国家	系统名称	FAO 批准年份
36	亚洲（9国、40项）	孟加拉国（1项）	孟加拉国浮田农作系统 Floating Garden Agricultural System, Bangladesh	2015
37		阿联酋（1项）	阿联酋艾尔－里瓦绿洲传统椰枣种植系统 Al Ain and Liwa Historical Date Palm Oases, the United Arab Emirates	2015
38		伊朗（3项）	伊朗喀山坎儿井灌溉系统 Qanat Irrigated Agricultural Heritage Systems of Kashan, Iran	2014
39			伊朗乔赞葡萄生产系统 Grape Production System and Grape-based Products, Iran	2018
40			伊朗戈纳巴德基于坎儿井灌溉藏红花种植系统 Qanat-based Saffron Farming System in Gonabad, Iran	2018
41	非洲（6国、8项）	阿尔及利亚（1项）	阿尔及利亚埃尔韦德绿洲农业系统 Ghout System, Algeria	2005
42		突尼斯（1项）	突尼斯加法萨绿洲农业系统 Gafsa Oases, Tunisia	2005
43		肯尼亚（1项）	肯尼亚马赛草原游牧系统 Oldonyonokie/Olkeri Maasai Pastoralist Heritage Site, Kenya	2008
44		坦桑尼亚（2项）	坦桑尼亚马赛草原游牧系统 Engaresero Maasai Pastoralist Heritage Area, Tanzania	2008
45			坦桑尼亚基哈巴农林复合系统 Shimbwe Juu Kihamba Agro-forestry Heritage Site, Tanzania	2008

（续）

序号	区域	国家	系统名称	FAO 批准年份
46	非洲（6国、8项）	摩洛哥（2项）	摩洛哥阿特拉斯山脉绿洲农业系统 Oases System in Atlas Mountains, Morocco	2011
47			摩洛哥索阿卜－曼苏尔农林牧复合系统 Argan-based Agro-sylvo-pastoral System within the Area of Ait Souab-Ait and Mansour, Morocco	2018
48		埃及（1项）	埃及锡瓦绿洲椰枣生产系统 Dates Production System in Siwa Oasis, Egypt	2016
49	欧洲（3国、7项）	西班牙（4项）	西班牙拉阿哈基亚葡萄干生产系统 Malaga Raisin Production System in La Axarquía, Spain	2017
50			西班牙阿尼亚纳海盐生产系统 The Agricultural System of Valle Salado de Añana, Spain	2017
51			西班牙塞尼亚古橄榄树农业系统 The Agricultural System Ancient Olive Trees Territorio Sénia, Spain	2018
52			西班牙瓦伦西亚传统灌溉农业系统 Historical Irrigation System at Horta of Valencia, Spain	2019
53		意大利（2项）	意大利阿西西－斯波莱托陡坡橄榄种植系统 Olive Groves of the Slopes between Assisi and Spoleto, Italy	2018
54			意大利索阿维传统葡萄园 Soave Traditional Vineyards, Italy	2018
55		葡萄牙（1项）	葡萄牙巴罗佐农林牧复合系统 Barroso Agro-sylvo-pastoral System, Portugal	2018
56	美洲（4国、4项）	智利（1项）	智利智鲁岛屿农业系统 Chiloé Agriculture, Chile	2005

（续）

序号	区域	国家	系统名称	FAO 批准年份
57	美洲（4国、4项）	秘鲁 （1 项）	秘鲁安第斯高原农业系统 Andean Agriculture, Peru	2005
58		墨西哥 （1 项）	墨西哥传统架田农作系统 Chinampa Agricultural System of Mexico City, Mexico	2017
59		巴西 （1 项）	巴西米纳斯吉拉斯埃斯皮尼亚山南部传统 农业系统 Traditional Agricultural System in the Southern Espinhaço Range, Minas Gerais, Brazil	2020

2．中国重要农业文化遗产

我国有着悠久灿烂的农耕文化历史，劳动人民在长期的生产活动中创造了种类繁多、特色明显、经济与生态价值高度统一的重要农业文化遗产，至今依然具有重要的历史文化价值和现实意义。农业农村部于2012年开展中国重要农业文化遗产发掘与保护工作，旨在加强我国重要农业文化遗产价值的认识，促进遗产地生态保护、文化传承和经济发展。

中国重要农业文化遗产是指"人类与其所处环境长期协同发展中，创造并传承至今的独特的农业生产系统，这些系统具有丰富的农业生物多样性、传统知识与技术体系和独特的生态与文化景观等，对我国农业文化传承、农业可持续发展和农业功能拓展具有重要的科学价值和实践意义"。

截至2020年4月，全国共有5批118项传统农业系统被认定为中国重要农业文化遗产。

中国重要农业文化遗产（118项）

序号	省份	系统名称	批准年份
1	北京（2项）	北京平谷四座楼麻核桃生产系统	2015
2		北京京西稻作文化系统	2015
3	天津（2项）	天津滨海崔庄古冬枣园	2014
4		天津津南小站稻种植系统	2020
5	河北（5项）	河北宣化城市传统葡萄园	2013
6		河北宽城传统板栗栽培系统	2014
7		河北涉县旱作梯田系统	2014
8		河北迁西板栗复合栽培系统	2017
9		河北兴隆传统山楂栽培系统	2017
10	山西（1项）	山西稷山板枣生产系统	2017
11	内蒙古（4项）	内蒙古敖汉旱作农业系统	2013
12		内蒙古阿鲁科尔沁草原游牧系统	2014
13		内蒙古伊金霍洛农牧生产系统	2017
14		内蒙古乌拉特后旗戈壁红驼牧养系统	2020
15	辽宁（4项）	辽宁鞍山南果梨栽培系统	2013
16		辽宁宽甸柱参传统栽培体系	2013
17		辽宁桓仁京租稻栽培系统	2015
18		辽宁阜蒙旱作农业系统	2020
19	吉林（3项）	吉林延边苹果梨栽培系统	2015
20		吉林柳河山葡萄栽培系统	2017
21		吉林九台五官屯贡米栽培系统	2017
22	黑龙江（2项）	黑龙江抚远赫哲族鱼文化系统	2015
23		黑龙江宁安响水稻作文化系统	2015
24	江苏（6项）	江苏兴化垛田传统农业系统	2013
25		江苏泰兴银杏栽培系统	2015
26		江苏高邮湖泊湿地农业系统	2017
27		江苏无锡阳山水蜜桃栽培系统	2017
28		江苏吴中碧螺春茶果复合系统	2020
29		江苏宿豫丁嘴金针菜生产系统	2020

（续）

序号	省份	系统名称	批准年份
30	浙江（12项）	浙江青田稻鱼共生系统	2013
31		浙江绍兴会稽山古香榧群	2013
32		浙江杭州西湖龙井茶文化系统	2014
33		浙江湖州桑基鱼塘系统	2014
34		浙江庆元香菇文化系统	2014
35		浙江仙居杨梅栽培系统	2015
36		浙江云和梯田农业系统	2015
37		浙江德清淡水珍珠传统养殖与利用系统	2017
38		浙江宁波黄古林蔺草－水稻轮作系统	2020
39		浙江安吉竹文化系统	2020
40		浙江黄岩蜜橘筑墩栽培系统	2020
41		浙江开化山泉流水养鱼系统	2020
42	安徽（4项）	安徽寿县芍陂（安丰塘）及灌区农业系统	2015
43		安徽休宁山泉流水养鱼系统	2015
44		安徽铜陵白姜种植系统	2017
45		安徽黄山太平猴魁茶文化系统	2017
46	福建（4项）	福建福州茉莉花与茶文化系统	2013
47		福建尤溪联合梯田	2013
48		福建安溪铁观音茶文化系统	2014
49		福建福鼎白茶文化系统	2017
50	江西（6项）	江西万年稻作文化系统	2013
51		江西崇义客家梯田系统	2014
52		江西南丰蜜橘栽培系统	2017
53		江西广昌传统莲作文化系统	2017
54		江西泰和乌鸡林下养殖系统	2020
55		江西横峰葛栽培系统	2020
56	山东（5项）	山东夏津黄河故道古桑树群	2014
57		山东枣庄古枣林	2015
58		山东乐陵枣林复合系统	2015
59		山东章丘大葱栽培系统	2017
60		山东岱岳汶阳田农作系统	2020

（续）

序号	省份	系统名称	批准年份
61	河南（3项）	河南灵宝川塬古枣林	2015
62		河南新安传统樱桃种植系统	2017
63		河南嵩县银杏文化系统	2020
64	湖北（2项）	湖北羊楼洞砖茶文化系统	2014
65		湖北恩施玉露茶文化系统	2015
66	湖南（7项）	湖南新化紫鹊界梯田	2013
67		湖南新晃侗藏红米种植系统	2014
68		湖南新田三味辣椒种植系统	2017
69		湖南花垣子腊贡米复合种养系统	2017
70		湖南安化黑茶文化系统	2020
71		湖南保靖黄金寨古茶园与茶文化系统	2020
72		湖南永顺油茶林农复合系统	2020
73	广东（3项）	广东潮安凤凰单丛茶文化系统	2014
74		广东佛山基塘农业系统	2020
75		广东岭南荔枝种植系统（增城、东莞）	2020
76	广西（4项）	广西龙胜龙脊梯田	2014
77		广西隆安壮族"那文化"稻作文化系统	2015
78		广西恭城月柿栽培系统	2017
79		广西横县茉莉花复合栽培系统	2020
80	海南（2项）	海南海口羊山荔枝种植系统	2017
81		海南琼中山兰稻作文化系统	2017
82	重庆（3项）	重庆石柱黄连生产系统	2017
83		重庆大足黑山羊传统养殖系统	2020
84		重庆万州红桔栽培系统	2020
85	四川（8项）	四川江油辛夷花传统栽培体系	2014
86		四川苍溪雪梨栽培系统	2015
87		四川美姑苦荞栽培系统	2015
88		四川盐亭嫘祖蚕桑生产系统	2017
89		四川名山蒙顶山茶文化系统	2017
90		四川郫都林盘农耕文化系统	2020
91		四川宜宾竹文化系统	2020
92		四川石渠扎溪卡游牧系统	2020

（续）

序号	省份	系统名称	批准年份
93	贵州（4 项）	贵州从江侗乡稻鱼鸭系统	2013
94		贵州花溪古茶树与茶文化系统	2015
95		贵州锦屏杉木传统种植与管理系统	2020
96		贵州安顺屯堡农业系统	2020
97	云南（7 项）	云南红河哈尼稻作梯田系统	2013
98		云南普洱古茶园与茶文化系统	2013
99		云南漾濞核桃－作物复合系统	2013
100		云南广南八宝稻作生态系统	2014
101		云南剑川稻麦复种系统	2014
102		云南双江勐库古茶园与茶文化系统	2015
103		云南腾冲槟榔江水牛养殖系统	2017
104	陕西（4 项）	陕西佳县古枣园	2013
105		陕西凤县大红袍花椒栽培系统	2017
106		陕西蓝田大杏种植系统	2017
107		陕西临潼石榴种植系统	2020
108	甘肃（4 项）	甘肃迭部扎尕那农林牧复合系统	2013
109		甘肃皋兰什川古梨园	2013
110		甘肃岷县当归种植系统	2014
111		甘肃永登苦水玫瑰农作系统	2015
112	宁夏（3 项）	宁夏灵武长枣种植系统	2014
113		宁夏中宁枸杞种植系统	2015
114		宁夏盐池滩羊养殖系统	2017
115	新疆（4 项）	新疆吐鲁番坎儿井农业系统	2013
116		新疆哈密哈密瓜栽培与贡瓜文化系统	2014
117		新疆奇台旱作农业系统	2015
118		新疆伊犁察布查尔布哈农业系统	2017